GDP 与 COD
的博弈

赵华林 著

中国环境出版社·北京

图书在版编目（CIP）数据

GDP 与 COD 的博弈 / 赵华林著 . — 北京：中国环
境出版社 , 2015.5
ISBN 978-7-5111-2323-7

Ⅰ . ① G… Ⅱ . ①赵… Ⅲ . ①环境保护－研究－中
国 Ⅳ . ① X-12

中国版本图书馆 CIP 数据核字 (2015) 第 063438 号

本书漫画版权归 E20 环境平台所有

出 版 人　王新程
责任编辑　郭媛媛　徐　曼
责任校对　尹　芳
板式设计　宋　瑞
封面设计　耀午书装

出版发行　**中国环境出版社**
　　　　　　（100062　北京市东城区广渠门内大街 16 号）
　　　　　网　　址：http://www.cesp.com.cn
　　　　　电子邮箱：bjgl@cesp.com.cn
　　　　　联系电话：010-67112765（编辑管理部）
　　　　　　　　　　010-67112417（科技标准图书出版中心）
　　　　　发行热线：010-67125803，010-67113405（传真）
印　　刷　北京中科印刷有限公司
经　　销　各地新华书店
版　　次　2015 年 5 月第一版
印　　次　2015 年 5 月第一次印刷
开　　本　787×960　1/16
印　　张　14.5
字　　数　200 千字
定　　价　68.00 元

自 序

　　环保事业是我的第一个职业，也是我一生不离不弃的职业。我的职业思考与职业情感都被它所占据，职业视线始终关注着中国环保的发展与问题，职业体验让我不断地去思考中国环保的发展波澜与环保人的职责所在。

　　新世纪以来，我国环境保护的历程表明：知行合一，载沉载浮，各种思维、实践此消彼长，汇集成龙吟虎啸、万马奔腾的生动局面。经济社会的丰富、多元使一个民族的思维模式和实践性格更加平和、包容，促进环境保护理论和实践不断升华，唯此才能与当代社会、现实生活和平共处，才能维系生态平衡。三十余年的环保经历让我有了如下的职业体会：

　　第一，环保事业所处的历史方位亟待我们积极作为。新世纪以来，我国经济社会发展步入新的阶段，最为直观的表现就是人均 GDP 接连实现跨越：2003 年超过 1 000 美元，2006 年超过 2 000 美元，2008 年超过 3 000 美元，2011 年超过 5 400 美元，2014 年超过 7 300 美元。"十三五"期间，经济进入新常态，经济增速换挡，从高速到中高速，环境压力进入调整期；经济结构调整，从失衡到再平衡，污染物排放强度进入回落期；政策思路转变，从西医疗法到中医疗法，环境保护与经济发展进入双赢期。可是，我国仍处于并将长期处于社会主义初级阶段的基本国情没有变，人民日益增长的物质文化需要同落后的社会生产力之间的这一社会主要矛盾没有变，我国是世界最大发展中国家的国际地位没有变，这就从本质上决定了资源环境约束加剧这一客观事实。一方面，伴随着经济社会发展，污染物排放总量仍然高居不下，环境承载能力已达到或接近上限；另一方面，随着人民生活水平的提高，人们对美好生活的环境诉求与时俱增。

　　建立在第一次工业革命、第二次工业革命之上的传统经济发展模式，是以对自然资源的过度索取和以牺牲环境容量为代价来获得财富数量增长的，表现出典型的高消耗、低效益和高污染排放特征，经济发展与环境保护被放在了对立极上。虽然我国环保工作无法从根本上、本源上对此模式予以扭转和改变，无法实现发展阶段的超越，但是环保事业仍可积极作为，实现经济发展与环境保护的共赢，那就是在解决经济增长面临的资源环境制约问题上要有新思路，即大力推进生态文明建设，促进经济增长与人口、资源、环境协调发展，大力推进治污减排，确保社会经济发展不对环境带来更巨大的挑战。

　　我国环保工作始终要遵循所处发展阶段的一般客观规律。2011 年我国城镇化率突破 50%，这是中国社会结构的一个历史性变化，也推动了我国环保工作进入新的阶段，那就是要将城市环境容量和资源承载力作为城市经济社会发展的基本前提，努力解决城市发展方式、经济结构和消费模式带来的新的环境问题，在城市社会经济发展的同时，充分发挥环境保护的优化、保障和促进作用。

　　中国社会经济的快速发展既为环保事业带来新的机遇，也给环保工作带来巨大的挑战，机遇与挑战并存是我们所面临的中国现实。为中国发展服务，为中国环保奉献，是我们环保人的职业使命。

　　第二，环境保护能够成为加快产业结构转型升级的重要抓手。环境保护和社会经济发展密切相关，这在治污减排纳入国民经济社会发展约束性指标之后得到了进一步强化。在一段时期内，我国对于环境问题存在许多片面的认识，把环境保护置于经济社会发展的对立面。可是，环境保护能够促进经济又好又快发展吗？2008 年我国应对全球性金融危机、经济危机，足以证实，环境保护完全能够促进经济的发展。

　　为积极应对全球性金融危机、经济危机，国家出台了一系列措施，在那般严峻挑战下，在促进经济增长的同时，治污减排继续坚持"目标不变、标准不降、力度不减"。2008 年各级政府继续加大节能减排力度，2009 年成为完成"十一五"节能减排任务的冲刺年，提前一年完成"十一五"既定减排任务，最终实现了环境保护和经济发展的双赢。

刑天舞干戚，猛支固常在。精卫衔微木，将以填沧海。治污减排工作的开展，有效遏制了主要污染物排放量长期增长的势头，全国部分环境质量指标也随之持续改善，而且，污染减排相关措施的大力推行，极大推动了产业结构升级，经济增长方式进一步由粗放型向集约型、由不可持续向可持续转变。此外，随着各项具体措施的落实，治污减排已广泛深入到社会各个方面。促进减排、保护环境不仅仅是环保部门的任务，也是经济发展的任务，更是全社会共同承担的责任。治污减排工作的广泛开展，使得"环保"日益成为一种社会理念、生活方式和经济发展模式，推动了社会各界积极参与"两型"社会建设，提升了全社会的环保意识。

第三，环境问题的解决需要我们具有历史决心与战略智慧。随着环境问题越来越复杂，我们对环境问题的认识越来越深刻，对环保工作的开展越来越深入，实践已经证明，我们要有充分的历史决心和信心、足够的战略智慧和耐心，才能解决好环境问题。

环境问题是经济问题。环境问题缘自经济发展，面对经济发展所涌现出的环境问题，必将从经济问题入手。决定环境质量的最根本因素是经济结构，经济结构不变环境不会发生根本改变。经济发展和环境保护具有对立统一的依存关系，如果将人类社会发展比喻为汽车，经济发展就好比油门，环境保护就好比刹车。油门很重要，为社会经济发展提供动力；刹车也必不可少，可以为社会发展及时调整路线，规避危险。脱离经济发展抓环境保护是"缘木求鱼"，离开环境保护搞经济发展是"竭泽而渔"，正确的经济政策就是正确的环境政策，这就要求环保工作应该成为经济社会发展的应有之义，"十一五"减排指标被列为约束性指标就是典型例证。

环境问题是民生问题、社会问题。随着经济社会的发展和生活水平的提高，人民对环境问题越来越关注，对环境质量的要求越来越高，满怀许多新期盼：喝上干净的水、呼吸清洁的空气、吃上有机的食物、穿上放心的衣服、用上无毒的物品，在良好的环境中工作与生活。这就要求环保部门忠诚守卫公共环境，成为环境守护者：环保部门面对危害环境的行为需要发出预警，同时对一些环境问题具有处理权力。

环境问题更是影响执政根基的重大政治问题。十八大提出在建党一百年时全面建成小康社会，这要求必须科学谋划"十三五"目标指标，既要满足全面建成小康社会目标的新要求，并为之敢于担当、积极作为、稳妥推进、务求实效，还要脚踏实地、达成目标。要大力推进生态文明建设，对环境问题的认识更进一步，保护生态环境就是保护生产力，改善生态环境就是发展生产力。当前，国家领导层都认识到，决不以牺牲环境为代价去换取一时的经济增长。而且，生态环境被放在经济社会发展评价体系的突出位置，环境保护被正式纳入政绩考核范畴。我们应该认识到，短期内"运动式"的做法无法真正解决环境问题，环保工作要有新思维，实施差别化安排，精心管理、精准发力，对生产过程、消费过程进行精细化的全过程管理就更为必要了。在治污减排的环保工作实践中，要将投入产出比作为重要补给予以判断。

第四，国家公职人员的价值认知、道德修养和职业品行。在撰写《GDP与COD的博弈》一书时，感想颇多，感受颇深：每一个职业都有其职业人格，环保工作确立了我的职业价值，形成了我的职业理想，塑造了我的职业品行。

职业价值。公务员的价值所在曾经是我一度思考的问题，身为国家公职人员应该做什么，是每个公务员都应该做的职业思考，也是职业净化的思想保障。我认为公务员的价值不在权，更不在钱，而是在于能够把自己对工作的思考转化为国家的意识与行为。这一价值实现的前提是你的职业思考是有利于国家发展，能够推进社会与经济进步；这一价值转化的方式是你的工作思考能够纳入国家标准、政策法规、政府文件、领导讲话等。当你的职业价值实现时，就会体验到职业幸福感和职业认同感。

职业信念。 越深入环保工作，越让我对环保产生敬畏之心——敬畏天地，敬畏民众。环境保护与地球上的所有人息息相关，在同一片蓝天下，我们同呼吸、共命运。职业使命构成了我的人生理想，任何人的憧憬和梦想都并不是直线式发展的。我的职业生涯就是例子，虽然磕磕碰碰，却始终是在向前发展。在我的眼里，环保是我的事业，这个世界里的一切都是要认真观察、不断总结、深入思考的，哪怕一草一木、一事一理，这些都是上天赐予我们的职业财富。感谢我的领导们对我的鼓励和鞭策，感谢我的同事们与我同舟共济，他们为我能坚守职业信念提供了支持。在这些支持下，为职业理想的实现而努力成为了我一生的追求。

职业激情。一旦投身一个领域，就应当把自己的命运同整个事业联系在一起，心无杂念，一心工作，将生命的激情融入到追求的事业中，用事业的辉煌来回报人民的重托，铸就人生的价值。环保工作总是能让我兴奋，我享受于环保问题的思考中，激动于工作拼搏的苦乐中，欣赏于事业成效的喜悦中。我喜欢具有挑战性的工作，喜欢陌生的难题，它们会激发我的工作激情，是我不懈工作的动力。许许多多的日日夜夜，都是在与同事们并肩战斗中度过的，每一次工作经历都会沉淀在我流动的血液里，给予我新的能量与激情。

职业智慧。勤于思考治己，精于谋事立业。带着思考去工作，带着问题去设计。工作的目的是要解决问题，解决问题需要智慧，智慧需要静思慎行。远离浮躁、舍弃功利、不断学习，才能"读透、写深、思远"。我利用一切空闲时间去读书，读书读报把我职场内外的空余时间填满。我喜欢汲取各类知识，让它们入脑入心，见识凝练，将其与环保问题联结，拓宽解决问题的路径，提升工作内涵品质。我在井冈山学院学习时，理解到井冈山精神是我党走向成功的思想基础，我将井冈山精神转化为工作的指导思想。井冈山精神之一是坚定不移的革命信念，在当今工作中仍要有坚定的职业信念，工作第一，矢志不移地坚守环保工作的阵地；精神之二是坚持党的领导，在当今工作中仍要有明确的政治立场，不做损害党和国家利益的事情，力防将环境问题转化为敌方攻击中国的政治问题；精神之三是实事求是的精神，在当今工作中仍要脚踏实地，依据国情创新工作思路，由此提出了环境流量的新的环保管理思想；精神之四是群众路线，在当今工作中仍要发挥群众力量，由此设计了生态金融的思路；精神之五是艰苦奋斗的作风，在当今工作中仍要反浮夸、反贪腐，遵守职业道德，不为私利放弃公权。

职业路径。工作方法的有效性源自于理论与实践的有机结合。寻找有效途径解决中国环境保护中的问题，既要借鉴西方和前人的经验，也要寻求适合于现实的解题路径。观千剑而后识器，"行、干、言"是我的工作路径。"行"：行是为了能够与中国现实连接。环保工作记录了我的生命主调，亲临一线，深入考察，行走四方。我的职业之路是由一条条路来绾接的，有泥沙的路、荒野的路、荆棘的路，也有烟霞迷蒙的路。"干"：干是为了履行职责，完成使命。感谢新疆三年的基层阅历，感谢"一控双达标"的工作历练，感谢减排工作的实战经历，让我在干中学、在干中思、在干中行。"言"：言是为了传扬环保理念与传播思想。宣传环保理念，解读环保政策，推广环保技术，是我工作的外延领域。用我的言语传递环保信息，用我的知识传递环保作为，用我的思考展现环保宏图。

职业毅力。一个个风风雨雨的工作故事让我学会了人生的沉淀，懂得了人生的厚重感是挫折的累积。面对困境，我习得了坦然与稳健。人生让我体验了无数次艰辛后的喜悦、奋斗后的轻松、挫折后的洒脱、寂寞后的力量。职业的历炼构筑了我的职业情怀，挫折不会阻挡我对中国环保事业的热爱，我为环保所付出的一切让我无怨无悔。每天我睁开双眼，看到清晨的第一缕阳光照射在房间里，我能够感受到阳光的无私，世界上的每个人都不是完美的，我也一样，我只是希望通过深入思考和努力践行，能够将我从事的环保工作变得更加完美、更加良善、更加纯粹。在这条道路上我会义无反顾地坚定走下去。

"求木之长者，必固其根本；欲流之长远，必浚其泉源；思国之安者，必积其德义"。在过去 30 余年的职业生涯中，逝去了的都是历史，留下的更是风景。开轩览物华，推景入深林。通过这本书，欢迎读者走进我的世界，走入环保领域，走向中国天地！

写上述话，是为序。

最后，我还要对为此书付出心血的朋友们表达我衷心的谢意。感谢傅涛、郭媛媛，以及我的同事们。

赵华林

2015 年 1 月 15 日于环保部

目　录

第 一 篇
环境三论——"车论"、"狗论"、"羊论" /1

工业社会快速发展带来的不仅是可观的 GDP，还有日益加重的资源环境问题，这一不争事实使得环保工作开展的处境愈加尴尬。新时期生态文明建设要求各级政府既会踩"油门"也要懂"刹车"，辩证看待经济发展与环境保护的关系，树立正确的政绩观；环保部门要履行"看家护院"的职责，忠诚守卫公共环境；环境管理更应学会"养羊"，从细微入手，注重全过程管理。这些被形象地比喻为环境保护的"车论"、"狗论"和"羊论"。

第 二 篇
"十一五"污染减排艰难起航 /53

自 2006 年起，我国的污染减排工作取得了很大进展，环境污染问题得到了初步控制，全社会的环保意识也大幅度提升。污染防治逐步由被动应对转向主动防控，环保工作站在了一个新的历史起点上，迈出了坚实的步伐。

第 三 篇
环保之路上下求索 /117

虽然经过"十一五"期间的艰苦努力,污染减排工作已取得了阶段性成果,但是我国环境总体恶化的趋势尚未得到根本扭转,污染防治工作压力仍然巨大,很多管理制度和管理模式已不能完全适应形势需要。我们必须要充分认识新国情,清醒地认识到污染减排形势依然严峻,未完成的任务依然艰巨。

> >> 环境三论——"车论"、"狗论"、"羊论"

第一篇

环境三论——"车论"、"狗论"、"羊论"

"车论":环境保护与经济发展具有对立统一的依存关系。如果将人类社会比喻为汽车,经济发展就好比油门,环境保护就好比刹车;油门很重要,为社会发展提供动力;刹车也必不可少,可以为社会发展及时调整路线、规避危险。

—— 作者心得

中国经济的崛起

一、国民经济快速发展

自改革开放以来,我国国民经济保持较快增长。

据统计资料显示,改革开放 30 多年来,中国经济创造了令人瞩目的经济奇迹,以世界罕见的年均 9.7% 的速度增长。1978 年改革开放后,我国的经济总量连上几个台阶:1978 年,我国 GDP 总量为 3 645.22 亿元,1986 年突破 1 万亿元,2001 年达到 10 万亿元,完成第一个 10 万亿元跨越用了 15 年时间;而从 2001 年的 10 万亿元到 2006 年的 20 万亿元,完成第二个 10 万亿元跨越则仅仅用了 5 年时间;仅在两年之后,2008 年,中国作为全球唯一保持增长的经济体,完成了历史上的又一次跨越——经济总量突破 30 万亿元,占世界经济总量的 7.3%,列世界第三位,如图 1-1。

2007—2012 年经济保持年均 9.3% 的增长速度，即使在金融危机的多重影响之下，继续保持了平稳较快增长。2012 年 GDP 达到 51.9 万亿元，跃升成为世界第二大经济体。①

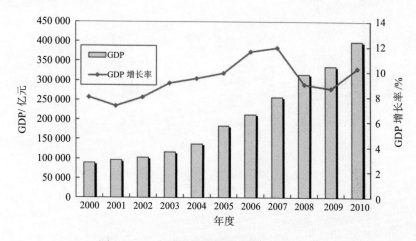

图 1-1　GDP 增长趋势图（2000—2010 年）

随着经济的持续快速增长，人均收入明显提高，人民生活水平大大改善。据统计，2012 年农村居民人均纯收入 7 917 元，比 2011 年增长 13.5%，扣除价格因素，实际增长 10.7%；农村居民人均纯收入中位数为 7 019 元，名义增长 13.3%，如图 1-2。城镇居民人均可支配收入 24 565 元，比 2011 年名义增长 12.6%，扣除价格因素，实际增长 9.6%；城镇居民人均可支配收入中位数为 21 986 元，增长 15.0%，如图 1-3。②

① 2013 年政府工作报告。
② 国家统计局网站。

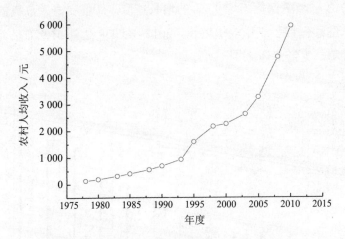

图 1-2　农村居民人均收入趋势图（1975—2015 年）

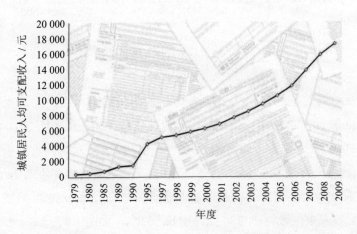

图 1-3　1979—2009 年中国城镇居民人均可支配收入走势

经济的快速增长也带动了我国城市化进程的高速发展。1978 年，我国的城市化率仅有 17.92%。从 2000 年开始城镇化率的增速一直维持在 1.5% 左右，在 2007 年左右达到一个自然增长的顶峰，2008 年、2009 年回落 0.74% 和 0.91%，出现了自然回落，而在 2009 年国内推出 4 万亿元刺激经济政策后，使得 2010 年城镇化率被人为拉升了 3.11 个百分点。2011 年是中国城市化发展史上具有里程碑意义的一年，城市化率首次超过 50%，达到 51.57%, 拥有 7.12 亿城镇人口, 30 年间增长了近 32 个百分点（《中国城市发展报告》 第 4 页）。2012 年中国城镇人口又比 2011 年增加 2 103 万, 城镇化率达到 52.57%, 同比提高 1.30 个百分点, 如图 1-4。中国从一个具有几千年农业文明历史的农业大国, 进入以城市社会为主的新成长阶段, 人们的生产方式、职业结构、消费行为等都将发生更深刻的变化。2010 年世界银行发布预测, 到 2020 年, 中国市区人口超过 100 万的大城市数量将突破 80 个。麦肯锡公司预测, 2025 年, 中国将有近 10 亿人住在城市, 而 20 世纪 50 年代初期, 中国的城市人口仅为 6 100 万。

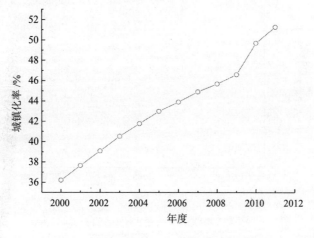

图 1-4 中国城镇化率（2000—2012 年）

《2008 年中国城市竞争力蓝皮书: 中国城市竞争力报告》对中国城市群未来发展进行了预测, 预计到 2030 年, 从规模上看, 城市化率将达到 65% 以上, 城市人口达 10 亿左右; 从数量上看, 城市达到 1 000 个左右, 小城镇达 1 500 ~ 2 000 个; 从等级上看, 世界顶级城市 1 个, 世界城市 3 ~ 5 个, 国际化城市 15 个左右, 国家级城市 30 ~ 50 个。以上数据, 无不显示了中国强劲的城市化发展趋势。

工农业产品的生产能力是一个国家经济实力最直接的反映, 我国经济快速增长的同时, 工农业生产也在快速发展, 商品和服务从严重短缺到丰富充裕, 主要工农业产品产量和对外贸易稳居世界前列。国家统计局数据表明，新中国成立初期，中国钢产量、原油、发电量均居世界 20 多位，2012 年，钢产量居第一位，年粗钢产量达 7.16 亿吨，占全球钢产量的 46.3%；水泥产量达 21.84 亿吨；发电量居第二位；原油产量居第五位。2012 年，中国粮食产量达到 58 957 万吨，连续 6 年稳定在万亿斤以上并逐年增加，与 1949 年相比增长 4.2 倍，棉花、油料等产量均以数倍、数十倍增长计，谷物、肉类、棉花等产品产量稳居世界首位。这使我国告别了物资短缺时代，成为名副其实的制造业大国和农副产品生产大国。

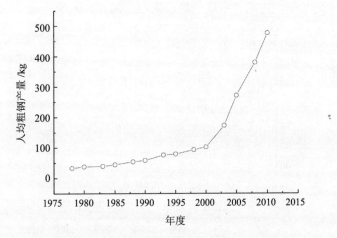

图 1-5　中国人均粗钢产量变化图（1977—2012 年）

图 1-6　中国人均原油产量变化图（1977—2012 年）

图 1-7　中国人均发电量变化图（1977—2012 年）

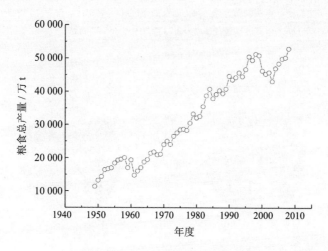

图 1-8　全国粮食总产量变化图（1949—2008 年）

表 1-1　2012 年主要工业产品产量

产品	单位	产量
原　煤	亿 t	36.5
原　油	亿 t	2.07
天然气	亿 m³	1 072.2
发电量	亿 kW·h	49 377.7
水　泥	亿 t	22.1

表 1-2　中国基础原材料及部分产品产量居世界前列（2012 年）

产品	排位及说明
粗钢	世界第一。粗钢产量 7.16 亿 t，占全球钢产量的 46.3%。中国单个省份的钢产量都已经达到或超过欧美主要发达国家水平。中国有 4 个省的钢铁产量超过德国，有 14 个省市的钢产量超过法国，19 个省市的产量超过英国。河北省 2012 年产钢 1.64 亿 t 以上，比全球钢产量第二的日本多至少 5 000 万 t，是美国全国产量的 1.8 倍，印度的 2.1 倍，俄罗斯的 2.33 倍，德国的 3.85 倍，与欧盟 27 国的钢产量总和相当
原煤	世界第一。原煤产量达 36.5 亿 t，同比增长 3.8%
水泥	世界第一。2012 年全年规模以上水泥企业水泥产量达 21.84 亿 t，同比增长 7.4%
纺织品	世界第一
鞋	世界第一。鞋子总产量将达到 140 亿双
电视机	世界第一。彩色电视机产量累计达到 13 970.81 万台，同比增长 7.48%，增速较 2011 年同期下降 1.02 个百分点；电视机制造业实现销售收入 3 248.27 亿元，同比增长 7.63%
空调	世界第一。2012 年我国空调总产量 10 050 万台，同比下滑 8.65%；销量 10 488 万台，同比下滑 3.89%，其中内销 4 711 万台，出口 5 777 万台，分别下滑 4.67%、2.91%
汽车	世界第一。全国汽车产销 1 927.18 万辆和 1 930.64 万辆，同比分别增长 4.6% 和 4.3%，比 2011 年同期分别提高 3.8 个和 1.9 个百分点，增速稳中有进。产销突破 1 900 万辆创历史新高，再次刷新全球纪录，连续四年蝉联世界第一
摩托车	世界第一。全年产、销摩托车 2 362.98 万辆和 2 365.07 万辆

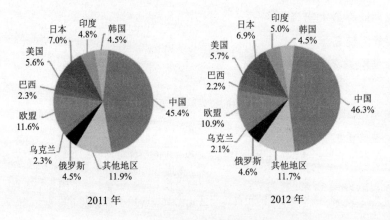

图 1-9　各国钢铁产量在全球钢铁产量中的比例

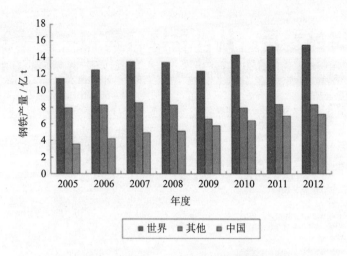

图 1-10 2005—2012 年全球钢铁产量对比

对外贸易方面（图 1-11），2003—2011 年，中国货物进出口贸易年均增长 21.7%，2011 年中国货物贸易进出口总额跃居世界第二位，连续 3 年成为世界最大出口国和第二大进口国。随着对外开放程度的不断加深，我国外汇储备呈跳跃式增长。1990 年底首次突破 100 亿美元，2006 年 10 月，我国外汇储备跨过万亿美元大关，截止到 2009 年 6 月末，我国外汇储备余额达 21 316 亿美元，居世界首位。2012 年末，国家外汇储备达到 33 116 亿美元，如图 1-12。尤其是 2008 年，克服历史罕见的特大自然灾害和国际金融危机的不利影响，我国国民经济继续呈现较快的增长态势，GDP 达到 300 670 亿元，占世界经济份额的 7.3%，超越德国，成为仅次于美国和日本的世界第三大经济体。之后几年仍保持快速增长，2011 年 GDP 总量达 47.2 万亿元，成为全球第二大经济体；2012 年 GDP 达到 51.9 万亿元。改革开放 30 多年来 GDP 年平均增长率达 9% 以上，为世界经济带来了一抹亮色。

图 1-11　中国对外贸易：从世界排名第 32 位到第 3 位（新华社）

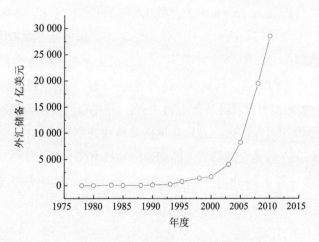

图 1-12　中国外汇储备增长（1977—2012 年）

二、对世界经济、政治格局的影响力日趋显著

改革开放以来，中国经济驶入快车道，特别是进入 21 世纪后，中国经济的增长势头更为迅猛，日益成为世界瞩目的焦点，在许多国家眼中，中国已经是最为重要的外贸合作对象。中国经济的持续高速发展也使得世界不得不高度关注中国经济，尤其是自 2008 年金融危机以来，中国政府的任何一项经济举措都会在世界范围内引起广泛关注。

1997 年的东南亚金融危机使"亚洲四小龙"、"亚洲四小虎"及东南亚各国的经济惨遭重创，但在随后几年东南亚国家的经济得以快速恢复，与中国经济的拉动作用密不可分。可以这样说，没有中国经济的增长，就没有东南亚的繁荣。

随着中国经济实力和军事实力的增强，中国在国际上的影响力也越来越大，世界的政治格局正在因为中国而改变，这种改变主要表现在以下几个方面：

第一，全球重大事务上中国的影响力在不断上升。现在的中国无论是在反恐问题还是全球气候变暖等问题上都积极地发挥着作用。

第二，中国对周边地区的影响力大幅度提升。2001 年 2 月 26 日，博鳌亚洲论坛在海南省召开，26 个国家的领导人齐聚博鳌，商讨亚洲合作事宜。同年，上海五国会晤机制升格为上海合作组织，其在反恐和推动地区经济合作问题上所起的作用日益增大。2006 年 10 月，中国东盟峰会在广西南宁举行，双方开始着力推动"中国—东盟 10 国"自由贸易区（以下简称"10+1 自由贸易"），计划在 2010 年建成"10+1 自由贸易区"。中国与周边国家的合作正是中国经济实力和政治影响力提升的一个重要标志。

第三，中国维护世界和平的能力越来越强。为了维护世界和平，中国积极地参与了"维和行动"。从第一次派兵参加柬埔寨维和，到参与海地维和，再到黎巴嫩维和，特别是 2006 年黎以冲突结束以后，黎巴嫩要求联合国增兵，中国是唯一一个增兵的国家。这些都表明中国在维护世界和平方面所承担的作用越来越大。

综上所述，中国正日益成为世界经济、政治格局中最不可或缺的重要力量，和平中崛起，发展中前行，在国际事务中发挥着越来越大的作用。

资源环境不堪重负

一、经济快速增长伴随资源的巨大消耗

改革开放 30 多年以来，我国经济快速增长，人民生活水平不断提高，工业产业发展从小到大、由弱变强，发生了巨大变化。但在工业发展的同时，资源的巨大消耗同样不容忽视。

2012 年 GDP 51.9 万亿元，比 2011 年增长 7.8%。全部工业增加值 199 860 亿元，比 2011 年增长 7.9%。六大高耗能行业增加值比 2011 年增长 9.5%（其中：非金属矿物制品业增长 11.2%，化学原料和化学制品制造业增长 11.7%，有色金属冶炼和压延加工业增长 13.2%，黑色金属冶炼和压延加工业增长 9.5%，电力、热力生产和供应业增长 5.0%，石油加工、炼焦和核燃料加工业增长 6.3%，高技术制造业增加值比 2011 年增长 12.2%），快于 GDP 的增长速度。[①]

重工业是以能源和矿产品为主要原料的产业。工业结构的重型化，使经济增长对能源和原材料的需求大为膨胀。据国家统计局统计，2012 年全年能源消费总量 36.2 亿吨标准煤，与 2001 年的 15 亿吨相比增长 141.0。其中，煤炭消费量为 24 亿吨标准煤，增长 2.5%；原油消费量为 4.76 亿吨，增长 6.0%；天然气消费量为 1 467 亿米^3，增长 10.2%；电力消费量为 49 591 亿千瓦时，增长 5.5%，如图 1-13、图 1-14、图 1-15、图 1-16。

---

①2012 年国民经济和社会发展统计公报。

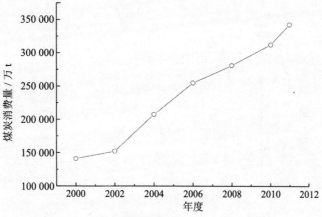

图 1-13 煤炭消费量变化（2000—2012 年）

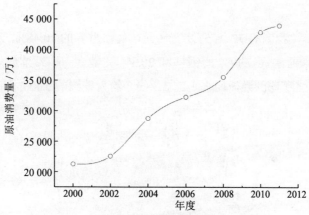

图 1-14 原油消费量变化（2000—2012 年）

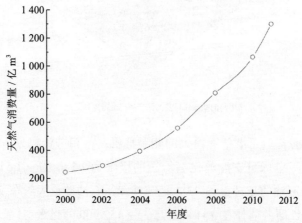

图 1-15 天然气消费量变化（2000—2012 年）

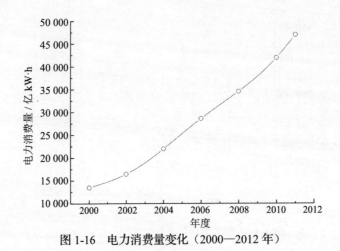

图 1-16　电力消费量变化（2000—2012 年）

2012 年，我国 GDP 为 51.9 万亿元，仅占世界的 10.48%，然而却消耗了世界 60% 的水泥、49% 的钢铁和 20.3% 的能源，CO_2 排放量占全球的 25%。能耗强度是世界平均水平的 2.3 倍，约为美国的 3 倍，日本的 5 倍。

中国的基础原料及部分产品产量居世界第一

高能耗的背后正潜伏着巨大的能源危机。据相关资料分析，从石油储量综合估算，全球可支配的化石能源的极限为 1 180 亿～1 510 亿吨，以 1995 年世界石油的年开采量 33.2 亿吨计算，石油储量大约在 2050 年宣告枯竭。天然气储备估计在 131 800 万亿～152 900 万亿米^3，若年开采量维持在 2 300 万亿米³，将在 57～65 年内枯竭。煤炭的储量约为 5 600 亿吨。1995 年煤炭开采量为 33 亿吨，可以供应 169 年。铀的年开采量目前为 6 万吨，根据 1993 年世界能源委员会的估计可维持到 21 世纪 30 年代中期。化石能源与原料链条的中断，必将导致世界经济危机和冲突的加剧，最终葬送现代市场经济。事实上，近 20 年来，中东及海湾地区与非洲的战争都是由化石能源的重新配置与分配而引发的。这种军事冲突，今后恐怕将更猛烈、更频繁。在国内，也可能会出现由于能源基地工人下岗而引发的许多新的矛盾和冲突。能源危机迟早会爆发，而它的爆发具有爆炸性，可以预料的是，如果彼时我国仍延续着高耗能的增长方式，所受到的冲击将是前所未有的！

二、工业化发展带来环境的不断恶化

我国工业化的快速发展使得环境问题接踵而至。《中国环境绿皮书》（2005 年）认为，中国目前的环境污染和生态破坏的形势十分严峻。2002 年世界首次发布了"世界环境可持续指数"（ESI），该指数是一项综合性指标系统，追踪 21 项环境永续的元素，包括自然资源、过去与现在的污染程度、环境管理努力、对国际公共事务的环保贡献，以及历年来改善环境绩效的社会能力，旨在评估世界各国和地区的环境质量。据该指数显示，2002 年，在全球 142 个国家和地区中，中国位居第 129 位。2005 年，在全球 144 个国家和地区中，芬兰位居第一，中国名列第 133 位。据世界银行按照目前发展趋势所做的预计，到 2020 年，中国将为因燃煤污染导致的疾病就要付出 3 900 亿美元的代价，占 GDP 的 13%。这意味着假如中国仍保持较高的经济增长率，全部用以补偿这一项都不够。

钢铁、有色、化工、水

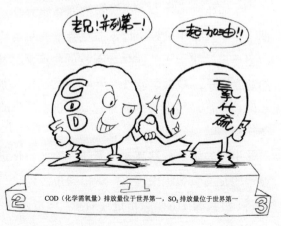

COD（化学需氧量）排放量位于世界第一，SO_2 排放量位于世界第一

泥等重污染行业以及机动车数量的快速增长和能耗的迅速增加，使得大气污染物排放量迅速攀升。2012 年废气中 SO_2 排放量为 2 117.6 万吨，氮氧化物排放量为 2 337.8 万吨，均高居世界第一。按环境空气质量新标准评价，113 个环境保护重点城市环境空气质量达标城市比例仅为 23.9%。对全国 477 个城市（县）进行检测，出现酸雨的城市达 252 个，占 52.8%。

　　除此之外，水体污染的严重程度也不容乐观。2012 年全国 COD 排放量为 2 423.7 万吨，氨氮排放量为 253.6 万吨，居世界首位。长江、黄河、珠江、松花江、淮河、海河、辽河、浙闽片河流、西南诸河和西北诸河等十大流域的国控断面中，Ⅰ～Ⅲ类、Ⅳ～Ⅴ类和劣Ⅴ类水质的断面比例分别为 68.9%、20.9% 和 10.2%。珠江流域、西南诸河和西北诸河水质优，长江和浙闽片河流水质良好，黄河、松花江、淮河和辽河为轻度污染，海河为中度污染。在监测的 60 个湖泊（水库）中，富营养化状态的湖泊（水库）占 25.0%，其中，轻度富营养状态和中度富营养状态的湖泊（水库）比例分别为 18.3% 和 6.7%。在 198 个城市 4 929 个地下水监测点位中，优良 - 良好 - 较好水质的监测点比例为 42.7%，较差 - 极差水质的监测点比例为 57.3%。近岸海域一、二类海水点位比例为 69.4%，三、四类海水点位比例为 12.0%，劣四类海水点位比例为 18.6%。四大海区中，黄海和南海近岸海域水质良好，渤海近岸海域水质一般，东海近岸海域水质极差。9 个重要海湾中，黄河口水质优，北部湾水质良好，胶州湾、辽东湾和闽江口水质差，渤海湾、长江口、杭州湾和珠江口水质极差。

　　工业生产中还会产生大量的固体废弃物，若不经一定处理和处置，长期堆存不仅占用大量土地，而且会造成对水体和大气的严重污染和危害。数据显示，我国工业固体废弃物的生产量和堆存量以平均每年 2 000 万吨的速度增长，城市垃圾以每年 10% 的速度增加。我国遭受工业固体废弃物和城市生活垃圾危害的耕地已达 1 000 万公顷，折合每年损失粮食 120 万公斤。

　　中国经济的持续高速发展使我国城市化进程进一步加快，一些大中型城市的交通负担越来越重，城市噪声污染也日益成为影响城市环境的突出问题。对我国 316 个城市进行监测，城市区域声环境质量好的城市占 3.5%，较好的占 75.9%，轻度污染的占 20.3%，中度污染的占 0.3%。噪声污染影响人的身心健康，破坏城市生活环境，危害社会稳定，控制噪声污染已经成为现代社会发展中亟待重视和解决的问题。

三、我国环境问题影响深重

粗放的经济增长方式，对能源、资源的巨大需求，使得我国严重污染的趋势在较长时期内难以改变。今天我们正在遭受环境的报复，今后也将为今天的污染付出更大的代价。我国环境问题所产生的深重影响主要体现在以下几方面：

一是我国环境事故进入高发期。2005 年 10 月发生松花江流域污染事件，同年 12 月在广东北江发生镉污染事件，此后，湘江镉污染、伊洛河柴油污染，由土壤污染导致国内多个省份出产的稻米被查出镉超标、陕西凤翔县数百名儿童血铅超标、重庆綦江河流域水污染等。层出不穷的环境事故暴露出在经济高速增长和社会转型的背景下，由于环境问题多年的累积和欠账、环境治理和监管水平的相对落后，我国环境污染积重难返，已经进入环境事故的高发期，呈现出一触即发的危险态势。

二是我国城市和区域的水环境和空气严重污染状况还将持续。2013 年初影响我国中东部地区的重度雾霾天气覆盖范围近 270 万平方公里，影响人口约 6 亿，以北京为例，1 月份部分地区个别时段细颗粒物（PM$_{2.5}$）小时最高浓度接近 1 000 微克 / 米 ^{3}。京津冀、长三角、珠三角等区域 PM$_{2.5}$ 污染严重，一些城市灰霾天数达 100 天以上，个别城市甚至超过 200 天。2013 年上半年城市空气质量状况结果显示，74 个城市平均达标天数比例为 54.8%，超标天数比例为 45.2%，其中重度污染占 7.5%，严重污染占 2.8%。我国 1/3 国土面积已被酸雨污染，2/3 的城市环境空气质量为三级和劣三级，雾霾天气持续爆发，PM$_{2.5}$ 像弥散在城市中的恶性毒瘤。WHO 公布的世界 1 082 个城市 2008—2010 年可吸入颗粒物年均浓度分布，我国 32 个省会城市参与排名，最好的是海口，排名第 814 位，其余均在 890 位以后，北京排名第 1 035 位。七大水系中，60% 的断面为不能饮用的Ⅳ类、Ⅴ类和劣Ⅴ类水质，80% 的入海排污口邻近海域，大约有 3 亿人喝不上合格的饮用水。长期积累的环境问题尚未解决，新的环境问题又在不断产生，发达国家上百年工业化过程中分阶段出现的环境问题，在我国集中出现，呈现结构型、压缩型、复合型的特点。

三是自然灾害、生态灾害频繁出现。随着全球气候的变化，自然灾害发生的频率和所造成的损失呈明显上升态势。自 20 世纪 90 年代以来，我国年均受灾人口达 3.7 亿，农作物受灾面积 7.4 亿亩，直接经济损失超过 1 000 亿元，比 20 世纪 80 年代高出 40%。据《2012 年国民经济和社会发展统计公报》显示，2012 年全年农作物受灾面积 2 496 万公顷，其中绝收 183 万公顷，全年因洪涝地质灾害造成直接经济损失 1 661 亿元，上升 31.8%。因旱灾造成直接经济损失 244 亿元，下降 73.7%。因低温冷冻和雪灾造成直接经济损失 61 亿元，下降 79.0%。因海洋灾害造成直接经济损失 155 亿元，上升 150%。大陆地区共发生 5 级以上地震 16 次，成灾 11 次，造成直接经济损失 83 亿元。共发生森林火灾 3 966 起，下降 28.5%。

四是环境问题的国际化。《2013 中国环境绿皮书》指出，我国正以前所未有的速度融入全球化进程。随着经济的持续高速增长，我国正在成为带动全球经济发展的重要引擎。然而，我国经济增长的代价也是巨大的，环境的急剧恶化就是其中之一，在国际社会造成的影响也越来越大，近年来国际社会对中国环境问题的关注焦点包括沙尘暴、电子废物、热带雨林、转基因食品、冰川退缩，以及发生在 2005 年年底的中石化污染事件。资料显示，中国是仅次于美国的全球第二大温室气体排放者，而且排放量正在迅速接近美国；中国还是世界最大的农药生产者，滥用农药的现象依然普遍。有报道认为中国的沙尘暴漂到了美国西部，酸雨袭击了韩国和日本，而长江的垃圾则冲上了日本海岸。中国已经成为全球最大的热带雨林木材进口商，进口全球大约 50% 的热带雨林木材。中国的水电开发，不仅会给自身造成巨大的环境伤害和社会影响，某些项目，如在澜沧江和怒江修建水电站，还引起了下游国家的高度关注。联合国环境规划署的《全球环境展望 2004/5》中指出，中国对伊犁河河水的工业污染和大量使用，是造成位于哈萨克斯坦的中亚地区第二大湖巴尔喀什湖面临干涸危险的主要原因之一。暂且不论报道结果的正确与否，因环境问题而造成的大范围恶劣影响可见一斑。

四、转变方式，开辟全新的发展道路

中国环境问题的严重性在于一方面粗放的经济增长方式对能源、资源产生巨大需求，使得我国在较长时期内，严重污染的趋势难以改变；另一方面地方保护主义、资金投入不足、治污工程建设滞后、结构性污染依然突出等多种原因，使得治理污染的速度始终赶不上环境破坏的速度。

据《2005 中国环境绿皮书》预测，到 2020 年，我国人口将达到 14.6 亿，经济总量将再翻两番，会对资源和环境造成前所未有的巨大压力。按现在的资源消耗和污染控制水平，污染负荷将增加 4 ～ 5 倍。美国世界观察所的布朗教授强调，中国必须从传统的工业化模式中突围。"目前西方的发展模式，并不适合中国，也不适合印度，同样，在某种意义上，也不再适合西方发达国家。"为了真正解决环境问题，中国必须放弃目前"化石燃料为基础、汽车产业为中心、用完即弃"的经济模式，去寻找一条"以可再生能源为基础、多样化交通工具为中心、全面的重复使用和回收利用"的全新发展道路。

从上述情况看，现有的发展方式是不可持续的。环境系统已经难以承受经济社会目前的发展模式，成为制约经济发展的"短板"。因而，大力推进生态文明，落实科学发展观走可持续发展势在必行。改革开放以来，我国经济快速增长，各项建设取得巨大成就，但付出了相当大的资源和环境代价，经济发展与资源环境的矛盾日趋尖锐，群众对环境污染问题的不满日益强烈。这种状况与经济结构不合理、增长方式粗放密切相关。不加快调整结构、转变增长方式，资源将支撑不住，环境将容纳不下，社会将承受不起，经济发展将难以为继。在这个问题上，我们没有任何别的选择，只有坚持节约发展、清洁发展、安全发展，才是实现经济又好又快发展的正确道路。"不走节能减排的路、不走建设资源节约型和环境友好型社会的路，中华民族就没有退路"。节能减排是实现历史性转变的具体措施，是环境优化经济的具体体现，也是环境保护在宏观和战略层面参与国家决策的具体渠道。

"车轮"下的政绩观

一、科学发展观：以人为本，综合协调

（一）科学发展观的内涵

发展观是一个哲学范畴的概念，是关于客观事物发展变化的观点。

2003 年 7 月 28 日，胡锦涛在全国防治"非典"工作会议上指出，要更好地坚持协调发展、全面发展、可持续发展的发展观。同年 10 月中旬，中共十六届三中全会通过了《关于完善社会主义市场经济体制若干问题的决定》，明确提出了"坚持以人为本，树立全面、协调、可持续

国家科学发展观出台正是要让"主人"负起责任

的发展观，促进经济社会和人的全面发展"；强调"按照统筹城乡发展、统筹区域发展、统筹经济社会发展、统筹人与自然和谐发展、统筹国内发展和对外开放的要求"，推进改革和发展。科学发展观的概念由此提出并逐步清晰。其内涵包含以下四个方面：

一是"坚持以人为本的发展"。以人为本，就是要把人民的利益作为一切工作的出发点和落脚点。以人为本，要求发展的目的不是为少数人的利益，也不是为发展而发展，而是为了不断满足全体人民日益增长的物质文化生活、健康安全和全面发展的需要。以人为本，不仅要求发展是为了人，而且要求发展必须依靠人，要求通过发展不断提高人的思想道德素质、科学文化素质和健康素质，促进人的全面发展。

二是"全面的发展"。就是要在不断完善社会主义市场经济体制，保持经济持续快速协调健康发展的同时，加快政治文明、精神文明的建设，形成物质文明、政治文明、精神文明相互促进、共同发展的格局。具体来

说，全面发展的含义包括经济发展、社会发展和人的全面发展，包括中国特色社会主义的经济、政治、文化的全面发展，包括社会主义的物质文明、政治文明、精神文明的全面发展。

三是"协调的发展"。协调发展，要求全面发展所包括的各个方面在发展中都是相互协调的。不仅是同向发展的，而且发展速度或数量比例关系是相互适应的。在当前我国所面临的情况下，尤其要强调统筹城乡协调发展、区域协调发展、经济社会协调发展、国内发展和对外开放。

四是"可持续的发展"。可持续发展是当今国际社会首先从环境保护和经济发展关系的角度，在总结反思工业革命以来经验教训而提出来的发展理念，是指既满足当代人的需要，又不对后人满足其需要的能力构成危害的发展，强调了发展进程的连续性、持久性。具体体现就是要统筹人与自然和谐发展，处理好经济建设、人口增长与资源利用、生态环境保护的关系，推动整个社会走上生产发展、生活富裕、生态良好的文明发展道路。

以人为本、全面协调可持续的科学发展观，深刻总结了国内外在发展问题上的经验教训，站在历史和时代的新高度，进一步回答了在全面建设小康社会新阶段我国必须发展和怎样发展等重大问题。

新中国成立以来，特别是改革开放以来，我国经济社会发展取得了举世瞩目的巨大成就。同时，在经济社会发展中也积累了不少矛盾和问题。城乡之间、地区之间、经济发展与社会发展之间不平衡、不协调的矛盾仍然存在且有愈演愈烈趋势。与此同时，人口、经济增长与资源、环境的矛盾也在加剧。因此，为实现全面建设小康社会的目标，必须坚持科学发展观，下大气力解决上述经济社会发展中存在的突出矛盾和问题。实践证明，科学发展观是对经济社会发展一般规律认识的深化，是指导发展的世界观方法论的集中体现，是推进社会主义经济建设、政治建设、文化建设、社会建设全面发展的指导方针，必须贯穿于全面建设小康社会和社会主义现代化建设的全过程。

从科学发展观的内涵看，保护环境是其重要方面。"以人为本"表述的是要把人民的利益作为一切工作的出发点和落脚点，自然包含了人的生产、生活环境。拥有健康优美的环境，是人民大众的基本的、重要的权益。

"全面的发展"、"协调的发展"、"可持续的发展" 更是包含着环境保护的要求：经济社会的发展必须与生态环境承载能力相协调，加强环境保护就是建设和维护这种承载能力。因此，建设资源节约型、环境友好型社会是落实科学发展观的必然要求。

鉴于此，国务院在 2005 年 12 月做出了《关于落实科学发展观 加强环境保护的决定》，指出加强环境保护是落实科学发展观的重要举措，是全面建设小康社会的内在要求，是坚持执政为民、提高执政能力的实际行动，是构建社会主义和谐社会的有力保障，要求把环境保护摆上更加重要的战略位置。强调指出，加强环境保护，有利于促进经济结构调整和增长方式转变，实现更好更快地发展；有利于带动环保和相关产业发展，培育新的经济增长点和增加就业；有利于提高全社会的环境意识和道德素质，促进社会主义精神文明建设；有利于保障人民群众身体健康，提高生活质量和延长人均寿命；有利于维护中华民族的长远利益，为子孙后代留下良好的生存和发展空间。因此，必须用科学发展观统领环境保护工作，痛下决心解决环境问题。

（二）生态文明建设与美丽中国紧密相连

改革开放初期，邓小平首先提出物质文明、精神文明的"两个文明"建设，此后，在此基础上，提出经济、政治、文化建设的"三位一体"。在科学发展观与和谐社会的理念提出后，将以改善民生为重点的社会建设提上重要日程。党的十七大将经济、政治、文化、社会建设"四位一体"的中国特色社会主义事业总体布局，写入党的章程。党的十八大报告把生态文明建设提升到与经济建设、政治建设、文化建设、社会建设"五位一体"的战略高度。标志着我们党对经济社会可持续发展规律、自然资源永续利用规律和生态环保规律的认识进入了新境界。

我们的目标应该是建设既富强又美丽的中国，不仅要增加 GDP，也要提高人民生活质量，这就要有清新的空气、清洁的水、茂密的森林、广袤的草原。建设美丽中国是环境保护工作的根本目标。

习近平总书记在中共中央政治局第六次集体学习时强调：生态环境保护是功在当代、利在千秋的事业。要清醒认识保护生态环境、治理环境污染的紧迫性和艰巨性，清醒认识加强生态文明建设的重要性和必要性，以对人民群众、对子孙后代高度负责的态度和责任，真正下决心把环境污染治理好、把生态环境建设好，努力走向社会主义生态文明新时代，为人民创造良好的生产生活环境。

生态文明就是人与自然和谐，是一种人与自然和谐发展的文明境界和社会形态，应主要把握三点：

一是人与自然和谐。生态文明要求尊重自然、顺应自然、保护自然，在此基础上实现人的全面发展，实现人与自然和谐的现代化。

二是文明新境界。生态文明倡导的是人与自然和谐的文明，不是物质财富增加而自然受到伤害的文明。

三是社会形态。生态文明是人类社会文明的高级状态，不是单纯的节能减排、保护环境的问题，而是要融入经济建设、政治建设、文化建设、社会建设各方面和全过程。

（三）建设生态文明的现实路径

建设生态文明的现实路径概括起来就是五个字："转（转变经济发展方式）"、"调（优化国土空间开发格局）"、"节（全面促进资源节约）"、"保（加大自然生态系统和环境保护力度）"、"建（加强生态文明制度建设）"。

建设生态文明必须从转变经济发展方式这个源头上抓起。生态文明超越传统工业文明，使人类在经济、科技、法律、伦理以及政治等领域建立起一种追求人与自然以及人与人之间和谐的对环境友好的价值观和道德观，并以生态规律来改革人类的生产和生活方式。在整个社会形成正确的关于人与自然、经济社会发展与环境承载力、经济建设与环境保护等方面的文化背景意识形态。

在我国现阶段的产业结构中，第二产业消耗了全国70%的能源资源，而重化工又消耗了这70%中的70%。加上一些地方和行业"三高一低"的粗放式生产方式，给生态环境带来了危机。要着力推进绿色发展、循环发展、低碳发展，形成节约资源和保护环境的空间格局、产业结构、生产方式、生活方式，从源头上扭转生态环境恶化趋势。建设生态文明必须搞好"两型社会"建设。资源节约、环境友好，既是生态文明的本质特征，也是生态文明建设的内在要求，两者是一个有机整体：资源节约了，有利于环境友好；环境友好的社会，资源的产出率一定是高的。

生产力水平和生产活动的组织方式决定了一个社会的经济基础，而经济基础又进一步决定了上层建筑。所以，经济发展模式的优劣直接影响着社会发展形态的性质和方向。传统的经济发展模式是以对自然资源的过度索取和以牺牲环境容量为代价来获得财富数量的增长，表现出典型的高消耗、低效益和高污染排放特征。因此，环境友好型经济发展模式的首要任务是实现低资源能源消耗、高经济效益、低污染排放和生态破坏。这正是当前我们大力倡导的发展循环经济的内涵。所以，发展循环经济是建立环境友好型社会的重要内容。传统经济的生产模式是"资源—产品—废物"，经济发展速度越快，付出的资源环境代价就越大，最终将丧失发展的基础和后劲。循环经济的生产模式是"资源—产品—再生资源"，以最小的资源和环境成本，取得最大的经济社会效益，是经济发展与环境保护的有机结合。所以我们必须节水、节地、节能，大力发展循环经济，大力保护和治理生态环境，为人民创造良好生产生活环境。

建设生态文明必须加强制度建设。要将环境保护上升到环境政治的高度。在我国，对社会事务的认识只有上升到讲政治的高度，才算得上真正的高度重视。在我国，环境保护已经上升到了政治的高度。李克强总理在十二届全国人大一次会议记者会上答记者问时说：要打造中国经济的升级版，就包括在发展中要让人民呼吸洁净的空气，饮用安全的水，食用放心食品。绿水青山，贫穷落后不行，殷实富裕，环境退化也不行。我们需要进一步创新发展理念，推动科学发展。一是不能再欠新账，包括提高环保的门槛；二是加快还旧账，包括淘汰落后产能等。政府应当铁腕执法、铁面问责。我们不能以牺牲环境来换取人民并不满意的增长。

环境问题上升到政治高度成为环境政治，这一趋势是必然的、持久的。首先，从理论上讲，这源于人与自然的关系及其发展。在人类社会意义上"环境"的提法，其主体是人。从人的视角出发，周围一切都是环境。简言之，是人的环境。政治则是以人为出发点和归宿点的社会、国家统治和管理艺术。所以政治必然会涉及环境。其次，随着社会经济的发展，环境作为一种资源,其稀缺性越来越显著,围绕它的各种矛盾也逐渐加剧甚至难以调和。因此,环境成为现代社会的政治主题,亦即环境政治,是必然的。并且其重要性将随着环境资源的稀缺性越来越显著。从社会实践上看,欧洲社会的绿党兴起及其发展壮大,成为当今欧洲社会重要的政治力量,也对以上结论作出了印证。

实现美丽中国的政治制度保障,内容应包括全面协调和可持续的科学发展观、全面的政绩观和环境与经济综合决策机制三个方面。它们是保证建设环境友好型社会的最高制度保障。只有这些基本制度建立和落实好了,政府才可能进一步制定和实施绿色国民经济核算体系、绿色政绩考核制度、绿色贸易政策和绿色财税金融政策等环境友好型的管理制度和政策。绿色政治制度既要依靠绿色的政治家及其政府,更要凭借公众的绿色力量,实行决策民主化和科学化。

生态文明建设,需要最广泛的社会参与。一方面,党和政府、社会各界要积极宣传教育、大力提倡这种文化,使之深入人心;另一方面,要充分调动人民群众保护和改善环境的积极性,引导社会各方面力量共同保护环境。同时,要深入实行环境信息公开,让公众了解环境状况,增强保护环境的责任感。通过创建绿色社区、绿色学校、绿色家庭等活动,使群众保护环境的热情有机会付诸行动;通过依法听证等形式,鼓励群众积极参与监督环境保护工作。

二、发展阶段论、主要矛盾及矛盾主要方面的转化

> 我们不要过分陶醉于我们对自然界的胜利。对于每一次这样的胜利,自然界都报复了我们。每一次胜利,在第一步都确实取得了我们预期的结果,但是在第二步和第三步却有了完全不同的、出乎意料的影响,常常把第一个结果又取消了……
>
> ——恩格斯《自然辩证法》

　　经济增长与环境资源始终是一对不可调和的矛盾，即经济发展的速度与环境的质量始终相背离。中国的污染减排工作，是在经济社会与环境资源关系不断变化的背景下应运而生的，是在有中国特色的社会主义发展过程中逐渐发展、完善起来的。新中国成立以来，在党领导人民进行社会主义现代化建设的过程中，发展观经历了由简单追求经济增长到强调可持续发展，再到全面、协调、可持续发展理论和实践的转变和演进。

　　从新中国成立至今，社会的发展经历了大致 4 个阶段。

　　第一阶段：新中国成立初期，毛泽东提出建设社会主义总路线，即鼓足干劲，力争上游，多快好省建设社会主义。

　　第二阶段：1958 年至改革开放，邓小平提出"发展才是硬道理"。

　　第三阶段：历经改革开放，江泽民提出，在发展社会主义市场经济条件下正确处理改革、发展、稳定的关系，速度和效益的关系。

　　第四阶段：十六届三中全会上提出了要"以人为本，树立全面、协调、可持续的发展观，促进经济社会和人的全面发展"的科学发展观。

　　发展观的变迁经历了从多快好省，到以经济建设为中心，到又快又好，到又好又快的转变过程，是党和国家对于经济发展规律认识的逐步提高。

　　"十一五"以前我国的主要问题是发展不足，矛盾的主要方面为经济发展。环境资源的承载力在合理的范围，属于矛盾的次要方面。"十一五"时期是经济发展与环境资源矛盾的主要方面发生转化的关键时期。矛盾的主要方面由经济增长（发展不足）向环境资源（承受不起）转化，即以发展的速度为主向以发展的质量为主转化。这说明我国社会经济发展已经走过了追求数量速度、解决物资短缺矛盾的阶段，经济社会的主要矛盾已经表现为资源与环境对经济增长的约束。资源和环境对于社会经济发展的约束性，成为矛盾的主要方面。解决问题必须要抓住主要矛盾和矛盾的主要方面。党的十七大把"经济增长的资源环境代价过大"问题列为我国经济社会发展前进中面临的首要问题，这就迫切需要党和国家在执政方略上有新发展，解决经济增长面临的资源环境制约问题有新思路，促进经济增长与人口、资源、环境协调发展有新手段。为此，党的十七大提出了要全面贯彻落实科学发展观，科学发展观是解决这一矛盾唯一正确的方法，污染减排约束性指标是科学发展观重要的手段和措施。这已经成为新时期党和国家面向未来，应对资源环境压力、处理人与自然和谐发展的治国理念和主要手段。

人类文明历史从原始文明到农业文明，再发展到工业文明，基本上都是征服自然、改造自然的历史时期。但如今，一系列全球性环境与生态问题已经对人类发出警告，需要开创一个新的文明形态来继续发展，这就是生态文明，是人类在经历了农业文明和工业文明之后的必经之路。

党的十八大报告提出把生态文明建设放在突出地位，融入经济建设、政治建设、文化建设、社会建设各方面和全过程。将生态文明建设纳入社会主义现代化建设"五位一体"总体布局，要求"必须树立尊重自然、顺应自然、保护自然的生态文明的理念"、"努力建设美丽中国，实现中华民族永续发展"。建设生态文明不仅成为中国发展的新要求，也符合人类建设美好共同未来的根本愿望。生态文明将为环境保护带来新的力量。

三、新的政绩观——环境保护纳入政绩考核范畴

在 2013 年 6 月 28 日全国组织工作会上，习近平总书记指出：要坚持全面、历史、辩证看干部，注重一贯表现和全部工作。要改进考核办法手段，既看发展又看基础，既看显绩又看成绩，把民生改善、社会进步、生态效益等指标和实绩作为重要考核内容，再也不能简单以 GDP 增长率来论英雄了。

环境问题已不仅仅是经济问题、社会问题，而且更是影响到我们执政根基的重大政治问题。不惩治腐败要亡党亡国，不消除环境污染，不保护好生态环境，也要亡党亡国。

一直以来，在环境保护问题方面，一些地方政府领导重经济发展、轻环境保护，甚至不惜以牺牲环境为代价换取经济增长，环境责任不到位的问题比较严重。根据新加坡国立大学邓永恒教授的统计，如果市委书记和市长任期内的 GDP 增速比上一任提高 0.3% 的话，升职概率将高于 8%，如果任期内长期把钱花在民生和环保，那么他升官的概率是负值。县委书记这一级的干部平均每 2.8 年就要换岗位。如果县委书记在位期间只顾发

展经济，将环保问题束之高阁、置之不理的话，环保欠账就会越积越多，那所谓的"对环境质量负责"也就成了一句空洞的口号。

某省 90% 的官员担心环保会影响经济发展

在平均 2.8 年的任期内，作为一县之长，他究竟是应建广场，还是该建污水处理厂呢？到底是要 GDP，还是去管 COD？恐怕在这个单选题面前，很多人都会选择建广场，毕竟建广场是一项面子工程，建好了就能在政绩履历上大书特书一番。而污水处理厂的建设耗时长、效益也通常隐藏在细微之处，就 2.8 年的任期而言，污水管道可能还没铺完，县委书记就要调走了。这是中国的典型问题。事实上，地方官员也有满腔抱负，也想踏踏实实地做出好成绩，但诸多的条件限制往往会降低他们的积极性。

要解决地方政府领导对环境保护重视不够，不能正确认识经济发展和环境保护关系的问题，

使环境保护真正有效地落实到地方政府的实际工作当中，就要从环境保护
可持续发展、国家宏观调控战略、政策和法律上去找原因，找到解决这个
问题的突破口。

（一）将环境保护纳入政绩考核范畴

把环境保护工作纳入党政领导官员的政绩考核之中，是建设资源节约
型、环境友好型社会的必然要求。各级党政官员，尤其是主要领导，在经
济活动中发挥着重要作用，他们的价值取向左右着其所在地区经济活动的
走向。如果他们不能正确认识到发展经济与保护环境的关系，不重视环境
保护，那么整个社会的环境保护工作就将难以得到真正落实，遑论环境保
护工作取得成效。影响领导官员们价值观的因素有很多，他们的个人素养
及能力水平是其中之一，外部的约束作用也必不可少，正确政绩观的引导
会发挥很大的积极作用。

可以肯定地说，我国各级党政官员中，有着强烈事业心的占绝大多数。
各级领导干部都怀有"为官一任，造福一方"的历史使命感，都想着干出
一番政绩，得到人民的赞许、上级的肯定。但是，什么是"福"，怎样才
算"造福"、才算有政绩，不同的时代有不同的注解。历史发展到今日，
保护人民群众赖以生存生活、社会经济赖以可持续发展的环境，也自然要

成为政绩考核的重要内容。

长期以来，一些官员只关注经济增长速度，只要经济能增长，财政收入能大幅提高，他们不惜搞一些低水平的重复建设项目，甚至允许国外一些落后淘汰的、污染严重的工艺在我国一些城市安家落户。因为在他们看来，GDP 是"大爷"，

2013 年 6 月 28 日习近平在全国组织工作会议上发表重要讲话：不能再简单以 GDP 论英雄。

环保是"孙子"，环保并不是重要的政绩，搞得再好也不能升官。这种只顾及眼前利益而不考虑对生态环境长远影响的做法之所以会出现，一个重要原因就在于"政绩"导向有问题。把环保纳入政绩考核及评价，建立健全政绩考核制度，对领导干部来说是一个很好的外部约束和引导。

（二）环保政绩考核制度发挥积极作用

总结已有的实践，可以做出一个明确的判断：环保政绩考核制度是有利于促进地方环境保护工作的，地方开展的环保政绩考核工作已经取得了较好的成效，发挥了积极的作用，主要表现为以下几个方面：

1. 党政领导对环保工作的重视程度加大

我国的环保政绩考核制度是顺应我国的政治体制和法制建设的具体现实而设立的，具有鲜明的中国特色。党政领导干部环保政绩考核的目的就是，要通过考核制度的奖惩机制来促进各级党政领导干部更进一步地认识环保工作的重要性，激励党政领导干部更加重视环保工作，将环保工作提到党委和政府部门工作的重要议事日程上来。各地环保政绩考核工作的实践表明，上述目的在一定程度上得以实现。通过考核，各级党政领导干部对环境保护工作的重视程度提高。

具体表现为：党政领导干部自身环保认识水平的提高；日常工作中主动过问环境保护工作；将环保工作纳入党委和政府重要议事内容并逐步制度化；落实环保投资等环保工作的难点问题等。目前，环保政绩考核已经使各地初步形成了党政"一把手"负总责，分管党政领导亲自抓落实，各相关部门积极配合，环保部门具体实施，人大、政协监督的工作机制。

2. 领导干部对环保执法的干预减少

从理论上讲，环保政绩考核明确了领导职责，建立了约束机制，为减少和阻断党政领导干部干预环保执法，提供了有效的制度安排。这种考核制度安排，使地方党政领导干部难以或碍于直接干预环保执法，使那些破坏环境的建设开发项目和生产经营活动失去来自高层的保护伞。从而迫使开发者和污染者不得不将其行为纳入环保法制化的轨道，受到环保法律、法规的约束，不但有利于减少新污染源的产生和破坏生态环境开发活动的出现，也有利于对老污染源的治理和整个生态环境的保护。

各地实施党政领导干部环保政绩考核取得的另一个重要成效就是，净化了环境行政部门环保执法的环境，使环保部门的执法环境更为宽松，提高了环保执法的效力，有效地减少了经济开发过程中出现的短期行为。通过环保政绩考核，党政领导的环保法制观念得到了强化，环保行政部门在环保执法过程中，受到的来自上级党政主要领导的干预和阻力大大减少，环保行政部门的腰杆比以前硬了，环保执法的力度也更大了。

3. 促进了地区重大环境问题的解决

解决重大区域环境问题也是各地环保政绩考核的一项重要内容。归根结底，环境问题是因不合理的经济开发活动而产生的，解决环境问题牵扯政府多个经济职能部门的利益，难度很大。环境问题的复杂性决定了仅仅依靠环保职能部门一家的力量，是难以有效地解决地区重大环境问题的。解决重大环境问题必须要落实两个关键问题：一是要确保环保资金的落实；二是要建立解决环境问题的工作机制，调动其他经济职能部门的力量，配合环保部门协作解决环境问题。从我国目前的整体特色分析，只有地方的党政"一把手"才具有环保资金落实的决策权和统一调动、协调政府主要经济职能部门的权力。甚至地方党政分管环保工作的副职领导在解决资金投入或协调各部门关系等环保工作上，也常常感到无能为力。

通过实施党政领导干部环保政绩考核，调动了党政"一把手"亲自抓环保工作的积极性。通过建立有效的政府环保工作机制，增加了环保投资，达到了解决重大环境问题、改善地区环境质量和保护区域生态环境的目的。实践证明，环保政绩考核有力地促进了地区重大环境问题的解决，取得了良好的环保工作成效。例如，重庆市实施党政"一把手"环保工作实绩考核工作以来，各区县注意结合实际研究解决突出环保问题，取得了显著成效。三峡库区水环境项目建设进展顺利，城市污水处理厂、垃圾处理场建设全面铺开，首批建设的 19 座污水处理厂和 13 座垃圾处理场进展情况良好。特别是通过考核，解决了一批影响群众生活的"老大难"问题，得到了社会各界的肯定。

4. 有利于推动环境与发展综合决策机制的落实

环境与发展综合决策是环保工作的一项重要机制，其目的是要在决策初始阶段就将环境保护工作纳入其中，减少或避免地区发展计划、重大经济决策和具体开发活动可能对环境造成的负面影响。但是，由于地方长期以来对发展的片面理解，在经济发展利益与环境问题发生冲突和矛盾时，最终往往是牺牲了环境利益，环境与发展综合决策机制很难真正落到实处。党政领导干部环保政绩考核，进一步明确了党政领导干部的环保责任，通过考核奖惩机制，在党政领导干部履行环保职责方面施以压力和动力，引导党政领导干部主动关心和支持环保工作，促进了地区环境与发展综合决策机制的落实。

调查研究表明，各地实施党政领导干部环保政绩考核后，通过建立综合决策工作机制，促进了各地环境与发展综合决策机制的制度化和规范化，环境与发展综合决策切实得到了加强和落实。在研究重大发展计划和决策时，各地均将环保部门作为一个重要的部门纳入决策体系，听取环保部门对各项经济开发决策的意见，环保部门不再是点缀，而是真正发挥了参与综合决策的作用。各地普遍反映，环保政绩考核在日常工作中促进了地区环境与发展综合决策机制的落实，许多被考核地区都能够不同程度地做到环保"一票否决"。例如，重庆市通过实施党政"一把手"环保工作实绩考核，促进了各地认真抓好环境与发展综合决策机制的落实，大部分区县成立了环境与发展综合决策机构，环保部门参与其中，凡重大环境问题和环保项目，均在听取各方意见的基础上决策，使各项措施更加科学合理。在制定重大规划、出台重大政策、实施重大项目时，各地要求环保部门参与研究工作，听取环保部门的意见和建议。在建设特色工业园区时，实行了环保"第一审批"权。重庆市江津区要求在新办企业和招商方面，严格控制高污染、高能耗的企业进入工业园区，环保部门严格把关，有些意见起到了"一票否决"的决定作用。在广东省雷州市，通过考核强化了环境与发展综合决策机制的作用，在地区招商引资项目中否决了总投资 1 200 万美元、年产值近 4 亿元人民币的法国养虾基地项目，使该地区的红树林资源得到了有效的保护。

四、污染减排事关执政为民，事关政治立场

（一）污染减排的历史使命

污染减排工作是贯彻落实以人为本，构建社会主义和谐社会的重大举措，同时也是建设资源节约型、环境友好型社会的必然选择，是推动我国经济结构转型，改变发展模式的重要战略途径。

"十一五"首次将污染物减排确定为约束性指标之一，充分体现了国家环境保护的政治意志，赋予了污染减排艰巨的历史使命，也使得我国的污染减排工作具有了更加丰富的内涵，在我国发展面临资源环境"短板"，经济基础遭遇污染冲击的关键时刻，污染减排的实践，将带领我们跨越"环境高峰"，走向一条通往生态文明的和谐之路。

"十二五"期间，又增加了污染物减排约束性指标，在控制化学需氧量（COD）和二氧化硫（SO_2）两项主要污染物排放总量的基础上，增加了氨氮（$NH_3\text{-}N$）和氮氧化物（NO_x）纳入总量控制指标体系。

（二）国家宏观战略层次污染减排的意义

节能减排是中国政府和国家环境意志的体现，是我国政府向全国人民作出的庄严承诺，直接影响到我国和谐社会的建设和经济社会的可持续发展。节能减排已经不再是单纯的经济任务、环保任务，而是上升为事关经济发展、社会健康的政治任务，是节约资源能源、保护生态环境的重要途径，是推进经济结构调整、转变增长方式的必由之路，是贯彻落实科学发展观，建设资源节约型、环境友好型社会的重大举措，是转变经济增长方式的突破口和重要抓手，意义十分重大。

污染减排是我国经济社会发展转型关键时期提出的环保措施，是

"十一五"环境保护工作的重中之重。既是转变经济增长方式的重要抓手，也是满足加强环境保护的现实需要，对于调整产业结构、改善环境、提高人民生活质量、维护中华民族的可持续发展具有极其重要而深远的意义。

污染减排是"十一五"一项艰巨的政治任务，关系到执政党的能力和地位，关系到政府对人民的庄严承诺，关系到我国的国际形象，必须确保按期达成目标。原国务院副总理曾培炎曾对节能减排工作的批示中指出"如果再不进行节能减排，环境容纳不下，资源支撑不住，社会承受不起，经济难以为继"。长期以来，一些地方不顾长远利益，急功近利，片面追求经济粗放增长，造成地方的资源、环境等经济社会发展所必需的基础性因素遭受巨大破坏，当地可持续发展受到极大影响，人民群众也因环境污染蒙受经济损失。长此以往，经济基础的松动将会影响到国家上层建筑的稳定，影响执政党的地位。因此，国家必须从极高的政治高度来看待环境污染问题，大力加强污染减排的政策力度，推行从严从紧的减排措施，以此保证我们的经济基础免遭破坏。

（三）环境保护领域内污染减排的意义

第六次全国环保大会提出实现环境保护历史性转变，要从重经济增长轻环境保护转变为保护环境与经济增长并重，从环境保护滞后于经济发展转变为环境保护和经济发展同步，从主要依赖行政办法保护环境转变为综合运用法律、经济、技术和必要的行政办法解决环境问题。

2007年中央经济工作会议提出"把节能减排目标完成情况作为检验经济发展成效的重要标准"。开展污染减排工作要求环境保护参与到各级政府的经济决策当中，使各级领导从重经济增长轻环境保护转变为保护环境与经济增长并重，从环境保护滞后于经济发展转变为环境保护和经济发展同步，把污染减排作为调整经济结构、转变经济发展方式的重要手段，在经济发展过程中保护环境，在环境保护的过程中优化经济增长，实现两者的内在统一。

有关部门（当时的环保总局与发改委）分别代表国务院与地方政府签订《节能减排目标责任书》

　　污染减排本身就是多个部门合作、多种政策协同解决环境问题的一种策略，为实现既定减排目标需要相关部门出台一系列法律、法规、政策、经济手段、科技标准等。综合经济部门要加大对环境问题的重视和参与，积极调动公众和市场的力量参与环境保护，转变以往行政命令为主的环境管理方式，推动环保法律法规和政策的完善，转变环保部门"孤军奋战"的局面，形成部门、市场和公众的合力，逐步建立广泛的环境保护协作机制。

环保部门的现实困境：处境尴尬

一、尴尬的国策

　　早在 20 世纪 80 年代，环保就被列为我国的一项基本国策，但随着经济的迅猛发展，环保欠账却越积越多。

　　1983 年底，时任国务院副总理的李鹏代表国务院在第二次全国环境保护大会上首次提出："环境保护是中国现代化建设中的一项战略任务，是一项基本国策。"1990 年，《国务院关于进一步加强环境保护工作的决定》（国发 [1990]65 号）首次明文规定："保护和改善生产环境与生态环境、防治污染和其他公害，是我国的一项基本国策。"

　　此后，诸多国家领导人多次在公开场合重申"环境保护"的战略高度及重要意义。1996 年，时任国家主席江泽民在第四次全国环境保护会议上强调："控制人口增长，保护生态环境，是全党全国人民必须长期坚持的基本国策。"1998 年，时任国家副主席胡锦涛在出访韩国期间发言时也表示："中国政府高度重视环境保护问题，已经把保护和治理环境，实施可持续发展战略作为我们的一项基本国策。"

　　那么，占据基本国策一席之地长达 20 多年之久的"环境保护"，真正的威慑力究竟如何？

　　20 多年来，沿海地区经济发展的突飞猛进，以工业废水的超标排放作为代价；森林面积的急速锐减，造成水土流失、土壤盐碱化现象严重；财富象征的私家车数量翻了几番，而尾气超标却在严重威胁着大气"健康"。

说起国策人们只知"计划生育"不知"环境保护"

"环境保护"作为基本国策已经二十多年，我国却未能避免走上"先污染后治理"的老路。该治理的没有彻底治理，边治理边破坏，环保欠账过多，长期积累的环境问题尚未解决，新的环境问题又在不断产生。环境保护已成为经济社会发展中的一个薄弱环节。

纵观发达国家的发展历史，当人均 GDP 增长至大约 3 000 美元之后，环境质量恶化的趋势才会逐渐得到遏制，只有跨过 3 000 美元大关实现再次增长时，环境质量才得以逐步改善。难道这"人均 GDP 3 000 美元"就是逃不出的魔咒吗？

党和政府高度重视环境保护工作，在执政理念方面，将环境保护摆在十分重要的位置上，先后提出了可持续发展、科学发展的要求，党的十八大又上升为生态文明；在管理依据方面，建立了较为完备环境保护的政策、法规和标准体系；在管理部门方面，中央政府将环境保护行政主管部门升格为环境保护部，加大了对环境保护的统筹协调力度。但是，为什么中央的决策和法规依然不能得到很好落实，目前的环境形势依然严峻？

一个十分重要的原因，就是在环境保护方面，中央对地方政府主导的区域发展缺乏综合、科学、及时、客观的调控和纠偏。相当一部分地方政府，尤其是市、县级基层政府，仍然片面强调发展，忽视环境保护要求，甚至干预正常的环境管理，为污染行业企业的发展"保驾护航"，地方环保部门数据不实、执法不严等问题十分突出。这里有几个方面内驱动力：一是当前地方政府行政效能考核体系仍然以 GDP 为主；二是地方政府本就有增加本级财政收入的内在需求；三是环境影响本就具有外部性与滞后性的特征。所以，没有自上而下的强有力的调控纠偏措施，难以有效遏制地方政府基于本地利益需求的盲目发展冲动。

没有解决好发展与保护的关系，没有将基本国策落实到发展全过程中去，是造成国策如此尴尬的重要原因。

二、尴尬的规划："遥不可及"的环保目标

如果说环境保护作为基本国策是宏观导向，那么环境保护规划就是宏观导向下的一张张具体蓝图。

所有环保人都不会忘记，在总结"十五"计划各项工作指标时那令人汗颜的一幕。2006 年初，温总理在第六次全国环境保护大会上明确讲到，在"十五"国民经济计划确定的各项指标中，大多超额完成，但是环境保护这一指标没有完成，主要是 SO_2 和 COD 排放量均未完成削减 10% 的控制目标。

其实，环境保护规划目标完成情况陷入尴尬境地不仅仅发生在"十五"期间。我国第一任国家环保局局长曲格平曾带着几分遗憾表示："世界范围内还没有哪个国家面临这么严重的环境污染"、"我国环境保护规划目标从没有实现过！"

在经济腾飞的同时，环境保护的各项政策措施在发展面前集体"失灵"。我国的各项主要污染物排放总量均高居世界首位。世界上 10 个污染最严重的城市之中，有 7 个在中国。雾霾天气、地下水污染、饮用水不安全、土壤重金属超标等环境问题频繁发生，群众反映强烈，社会极其关注，因环境问题引发的群体性事件呈明显上升趋势，环境保护已成为国际上敌对势力诟病中国的重要借口。

曲格平一语道破了"'环境保护'口号越喊越响，环保欠账却越积越多"的真实情况。那么，我国环境保护规划目标终究为何从未实现？

究其原因，关键是环保部门的定位有问题。制定环境保护目标是环保部门的神圣使命。作为目标制定方，环保部门总是将解决环境问题视为己任，亲自上阵进行环境治理。而实际上，环保部门的职责应是统筹规划、监督管理，而非统一治理。定位上的模糊，将环保部门推向了既是"运动员"又是"裁判员"的尴尬境地。所以，每届政府都制定环境保护规划，而整体环境质量却每况愈下，制定和实施环境规划就成了自说自话的故事。长期以来，环境保护规划目标的制定与实际环境状况之间的差距越来越大。

环境保护规划目标未曾实现的根本原因则是发展阶段尚未成熟。改革开放不久后的中国急于向发达国家看齐，力争兼顾经济与环境两者的发展。但事实是，对于"一穷二白"的中国而言，追求 GDP 的快速增长无疑是更为迫切的。中国用 30 年的时间走完发达国家上百年工业化和城镇化的道路，势必会以环境资源的破坏作为惨痛代价。所以，环境库兹涅茨曲线并非魔咒，而是有据可循的。

三、尴尬的环保部门：顶得住的站不住，站得住的顶不住

国际政治界曾经流行着关于"世界四大尴尬部门"的笑话：整日思索反恐问题的美国国土安全部门、被民族问题牵绊的俄罗斯民族事务部门、对外交往步履维艰的中国台湾外交部门和难以执行环保职权的中国环保部门。

环保部门，特别是基层环保部门的干部，流传着这样的说法，"站得住的顶不住，顶得住的站不住"，意思是，敢对污染企业说"不"的环保干部，一般都干不长，干得长的往往不敢说。在目前体制下，基层环保部门的工作确实有难度，毕竟人财物都在当地政府，一些地方在不正确发展观念的指引下，会不惜一切代价地保护当地的企业。不少基层环保局反映，坐到环保局局长位置就是等着地方领导拿自己当"替罪羊"和"挡箭牌"。有些局长甚至自我调侃："领导要给谁'穿小鞋'，准让他任环保局局长。某一天出现一个污染事故，马上就摘他'帽子'。"

2010 年 5 月，发生在安徽固镇的环保官员因为正常执法，而被集体停

职的事件就充分说明了这一问题。当然，在环境保护部和安徽省政府的调查干预下，这一停职处理决定最终被撤销。这也表明了，在目前体制下，基层环保部门只要能够做到不违规，尽到自己应尽的责任，环保干部也一样受到保护，绝不是高危行业。

四、尴尬的环保立法：违法成本低，守法成本高

我国目前的环保法律法规，对违法排污的处罚过轻，致使企业的违法成本低，守法成本高。由于环保法律法规偏软，许多企业在无法依靠技术进步降低成本的情况下，通过降低环保成本已成为其主要的挖潜方向，使环保部门对违法排污的企业防不胜防。现行环保法律的处罚规定，显然"便宜"了环境违法企业，即便是沱江、松花江等特大污染事故，最后按照水污染防治法规定的罚款上限，也只不过罚了 100 万元。

所以环保部门长期在唱独角戏。
法律中规定地方政府对环境质量负责，
但对地方政府一直没有规定考核标准

一直以来，环保执法效果总是差强人意，很多人将环境法称之为"软法"。软在何处？关键是执行力问题。

（一）认真执法取得良好减排效果

长期以来，我国环保执法力度薄弱。污染环境的行为没有得到有力遏

制，污染者甚至愈发气焰嚣张。

　　与之相比，减排工作取得了显著效果，究其原因，环境保护部真正"摊开"国务院文件、认真执法功不可没：污水处理厂运行一年，处理负荷不达 60% 的，限批！污水处理费征收不到位的，限批！污水处理设施建设严重滞后的，限批！……一项一项严格与法律条文对号入座。

　　"软法"开始逐渐强硬起来。这不禁使长期以来蒙混过关的企业大惊失色，一个一个不得不重整旗鼓，切实加入到减排行列中来。

（二）灵活有效，拒绝生硬执法

　　认真执法，但并非生硬执法。这是环境保护部污染减排的"潜规则"。环保部门执法应当秉持公开原则，严惩违法者。公开，无可厚非，但难免略显生硬。公开，需要面临巨大压力，令双方尴尬，彼此无回旋余地。通过诫勉谈话的方式对违法企业进行前置预告，实现"双赢"：环保部门履行职责，监督、震慑了污染企业，同时也有效制止了违法企业"犯罪"的继续。

思考与探索："狗论"的提出

一、环境保护部的历史沿革和主要职责

（一）环境保护部的历史沿革

环境保护部的历史沿革，是我国环境保护事业逐步发展的缩影。

1971 年，我国成立国家计委环境保护办公室，在中国政府机构的名称中第一次出现了"环境保护"。

1973 年，国务院召开了第一次全国环境保护会议，审议通过了中国第一个环境保护文件——《关于保护和改善环境的若干规定》，成立了国务院环境保护领导小组办公室。这也是我国最早的专门的环境保护机构。

1982 年，国务院机构改革中，国家基本建设委员会撤销，国务院环境保护领导小组办公室并入了新成立的城乡建设环境保护部，同年 5 月，为了加强对环境保护工作的领导，恢复了国务院环境保护委员会，负责全国环境保护的规划、协调、监督和指导工作。1987 年，将城乡建设环境保护部中的环境保护局改为"国家环境保护局"。

1988 年 5 月，国务院机构改革，撤销城乡建设环境保护部，国家环境保护局从中分出，改为国务院直属机构，成为国务院综合管理环境保护的职能部门和国务院环境保护委员会的办事机构。

1998 年 3 月，根据第九届全国人大第一次会议批准的《国务院机构改革方案》

和《国务院关于机构设置的通知》，国家环境保护局改为国家环境保护总局，成为正部级单位。与此相应的是国家环境保护总局的职能也做出了新的调整，开始尝试建立符合新时代要求的环境保护政策体系。

2008年3月，国家环境保护总局升级为环境保护部，由国务院直属机构变为国务院组成部门。

从30多年前一个"环保领导小组办公室"发展到成为国务院组成部门，一方面，表明了国家对环保工作的重视，另一方面，这种不断"升格"的过程，也反映出中国环境问题的日趋恶化与复杂。

环境保护部的历史沿革基本勾勒出我国环境保护战略从最初的部门角度出发，到现在站在国家战略高度考虑环境保护的基本轨迹。

30余年风雨兼程，环保部门的每一次"升格"都是中国环保史上的一座里程碑，铭刻着环保部门执政理念、战略思想和工作思路的不断完善及深化。

（二）环境保护部的职责

1998年设立国家环境保护总局时，国务院"三定"方案明确其职能定位为执法监督，职能领域包括污染防治、生态保护、核安全监管。2008年，十一届全国人大一次会议通过的国务院机构改革方案决定，"为加大环境政策、规划和重大问题的统筹协调力度，组建环境保护部。主要职责是，拟定并组织实施环境保护规划、政策和标准，组织编制环境功能区划，监督管理环境污染防治，协调解决重大环境问题等。"

将环境保护部"三定"方案与原国家环境保护总局的"三定"方案进行比较，我们不难发现，改革之前的职能多用"拟定"、"制定"字眼，而改革之后的职能则多用"负责"和"承担"这样的说法，直接体现了环保部职能的加强。具体来说，主要体现在以下几个方面：第一，增设环境监测司、总量司和宣教司三个内设机构，提升了环境监测和预测预警能力，以及应对突发环境事件能力，明确了环境信息统一发布等职责；加强了国家减排目标落实和环境监管，在一定程度上解决了工作中长期困扰的环保监测、信息发布等职责交叉的问题。第二，对于从2007年开始受到广泛关注的规划环评，"三定"方案明确规定，原国家环境保护总局受国务院委托对重大经济和技术政策、发展规划以及重大经济开发计划进行环境影响评价。这一职能的加强将极大地推动规划环评这一战略性环境评价工作在中国的健康发展，从源头遏制污染的举措得以有效实现。第三，水污染物排放许可证的审批和发放职责下放，将交给地方环境保护行政主管部门。这也有利于国家环境保护总局集中精力来解决重大环境问题的协调工作。第四，在环境信息发布方面，与水利部的职能交叉方面，环境保护部"三定"方案明确提出，环境保护部对水环境质量和水污染防治负责，水利部对水资源保护负责。环境保护部发布水环境信息，对信息的准确性、及时性负责。水利部发布水文水资源信息中涉及水环境质量的内容，应与环境保护部协商一致。

在法律定位上，环境保护的责任主体应该是地方各级人民政府，地方各级人民政府应当对本辖区的环境质量负责，采取措施改善环境质量。环保部门的主要职责则是围绕污染减排工作目标和解决危害群众健康、影响可持续发展的环境问题，执行环境保护的监督执法工作，为国民经济又好又快地发展提供服务。环境保护部的具体职责如下：

（1）负责建立健全环境保护基本制度。拟订并组织实施国家环境保护政策、规划，起草法律法规草案，制定部门规章。组织编制环境功能区划，组织制定各类环境保护标准、基准和技术规范，组织拟订并监督实施重点区域、流域污染防治规划和饮用水水源地环境保护规划，按国家要求会同有关部门拟订重点海域污染防治规划，参与制订国家主体功能区划。

（2）负责重大环境问题的统筹协调和监督管理。牵头协调重特大环境污染事故和生态破坏事件的调查处理，指导协调地方政府重特大突发环境事件的应急、预警工作，协调解决有关跨区域环境污染纠纷，统筹协调国家重点流域、区域、海域污染防治工作，指导、协调和监督海洋环境保护工作。

（3）承担落实国家减排目标的责任。组织制定主要污染物排放总量控制和排污许可证制度并监督实施，提出实施总量控制的污染物名称和控制指标，督查、督办、核查各地污染物减排任务完成情况，实施环境保护目标责任制、总量减排考核并公布考核结果。

（4）负责提出环境保护领域固定资产投资规模和方向、国家财政性资金安排的意见，按国务院规定权限，审批、核准国家规划内和年度计划规模内固定资产投资项目，并配合有关部门做好组织实施和监督工作。参与指导和推动循环经济和环保产业发展，参与应对气候变化工作。

（5）承担从源头上预防、控制环境污染和环境破坏的责任。受国务院委托对重大经济和技术政策、发展规划以及重大经济开发计划进行环境影响评价，对涉及环境保护的法律法规草案提出有关环境影响方面的意见，按国家规定审批重大开发建设区域、项目环境影响评价文件。

（6）负责环境污染防治的监督管理。制定水体、大气、土壤、噪声、光、恶臭、固体废物、化学品、机动车等的污染防治管理制度、并组织实施，会同有关部门监督管理饮用水水源地环境保护工作，组织指导城镇和农村的环境综合整治工作。

（7）指导、协调、监督生态保护工作。拟订生态保护规划，组织评估生态环境质量状况，监督对生态环境有影响的自然资源开发利用活动、重要生态环境建设和生态破坏恢复工作。指导、协调、监督各种类型的自然保护区、风景名胜区、森林公园的环境保护工作，协调和监督野生动植物保护、湿地环境保护、荒漠化防治工作。协调指导农村生态环境保护，监督生物技术环境安全，牵头生物物种（含遗传资源）工作，组织协调生物多样性保护。

（8）负责核安全和辐射安全的监督管理。拟订有关政策、规划、标准，参与核事故应急处理，负责辐射环境事故应急处理工作。监督管理核设施安全、放射源安全，监督管理核设施、核技术应用、电磁辐射、伴有放射性矿产资源开发利用中的污染防治。对核材料的管制和民用核安全设备的设计、制造、安装和无损检验活动实施监督管理。

负责环境监测和信息发布。制定环境监测制度和规范，组织实施环境质量监测和污染源监督性监测。组织对环境质量状况进行调查评估、预测预警，组织建设和管理国家环境监测网和全国环境信息网，建立和实行环境质量公告制度，统一发布国家环境综合性报告和重大环境信息。

二、环保部门的责任辨析

在环保部门的职责未落实、地位未提升之前，我国各地环保部门在履行监管职责时各有高招。

案例1：某市环保部门的土办法

某市环保部门在监督执法上曾一度沿用土办法。由于水质不好，该市环保部门怀疑是江边企业偷排所致，但始终没有拿到明确的证据。为找到企业偷排的证据，环保部门安排两名执法人员化妆成在江边观赏风景的情侣。由于企业未发现环保部门执法人员的身影，于是放松警惕，向江中排污。却被乔装打扮的环保部门执法人员逮个正着，并要求其签字接受处罚。但这却严重影响了环保执法的权威性和严肃性，排污企业拒绝接受处罚，并质疑其执法的合法性。

环保部门在企业监管上"别具匠心"，却不料反被企业倒打一耙。可见，土办法并非一通百通，监管方式尚需转变。

案例2：铁腕治污——GDP vs COD

曾有一些县、市"一把手"把强抓GDP作为政治升迁的重要筹码，招商引资、大建广场等政绩工程是其任期内的首要任务，而环境保护、治污设施建设等都被"绿色通道"放行了。对于上级环保部门的检查，通常只是临时插个红旗、叫辆铲车，热火朝天做做样子。因为升官考核凭的是

广场这样的"面子工程",
是 GDP,而并非 COD。

这些领导也往往因为
GDP 一路飙升,而得到提
拔。但与此同时,也有一
些领导因为提拔后被安排
主抓环保,于是便开始铁
腕治污,视 COD 为生命。
可见,"屁股指挥脑袋",职责决定思想。

案例 3:环保部门与水利部门的数据"分歧"

不仅各地治污状况迥异,就连环保部门与水利部门对同一水体水质的
判断也会得出矛盾的数据。环保部门与水利部门出于不同的目的,往往会
在同一水体选取不同的点位、时段开展监测,从而得出有利于自身利益的
水质数据。环保部门由于既当"运动员"又当"裁判员",一定程度上代
表政府负起了改善环境质量的责任,处境很是尴尬。实际上,环保部门的
职责应是监督管理,并非治理。而现实中,却往往是水利部门担当了监督
部门的角色。

针对监测数据不一致的问题,为纠正可能存在的问题,原国家环境保
护总局曾下发文件表示,将根据水利部门监测的数据,对沿淮四省进行检
查,凡是根据水利部门监测数据证实了超标的,立即按照《环境保护法》
对排污主体进行处罚,使环保部门尽到监督管理职责,使地方政府真正对
环境质量负责。环保部门与水利部门的数据"分歧"也在一定程度上推动
了环保部门在各地监管的进程。

三、狗论:"叫"和"咬"——政府环境保护的"看家狗"

环保部门的职责是统一监督管理。而何为管理?即"管"它才会"理"
你。面对环保部门在监管过程中存在的种种问题,环保部门也在重新思索
自身的地位问题。

在西方,监管部门被称作"Watchdog"。环保部门可形象地理解为环

境"看家狗",忠诚守卫公共环境,对环境安全负责是其毋庸置疑的职责。具体来讲,"看家狗"的职责有二:"叫"和"咬"——环保部门面对危害环境的行为需要发出预警,同时面对小问题也具有妥善处理的能力。

"看家狗"的"叫"需要眼睛、鼻子、耳朵等多器官的敏锐和密切合作,才能完成保家护院的任务。这正是环境监测——环保部门的最主要职责。

"看家狗"的"咬"则需要"狗牙"的锋利和"狗腿"的健壮。这是环保部门的另一职责——环境监察与执法。

加强环境监管能力是完成减排任务的关键之一,监管能力的加强需要有充足的人力和财力,就像"看家狗"需要充足的"狗粮"。

环保的关键之一正是加强环境监管能力,监管能力的加强需要有充足的人力和财力

在看家狗履行"叫"和"咬"的职责时，我们也应意识到这里的"咬"仅仅是针对"小毛贼"，面对"实力强大"的"强盗"，"看家狗"限于自身力量往往只能发挥"叫"的作用，对损害群众健康的违法行为，坚决执行主人下达的指令，要去用力撕咬，真正的问题则需要由"主人"出面来解决。这也正好印证了：人民政府才是"主人"，才是对环境保护负责的主体。

环保部门的本职工作是做好预警和监督，推动人民政府治理污染，环保部门不能越俎代庖。

而环保部门如果在遇到重大环境问题时没有及时发出预警，就会被问责。这就像"看家狗"如果没有尽到"叫"与"咬"的职责，当"主人"利益受到损失时就会挨"打"一样。

以上被形象地称为"狗论"。

"羊论"——全过程监管

过程管理是现代组织管理的经典理论之一，具体来说，过程管理是指：使用一组实践方法、技术和工具来策划和改进过程的效果、效率和适应性，包括过程策划、过程实施、过程监测（检查）和过程改进（处置）四个主要环节，即 PDCA（plan-do-check-act）循环四阶段。可见，过程管理涵盖了项目实施的多个部门，从每一个细节入手，不同问题不同分析，最后整合在一起全方位、多角度地进行管理实践。

过程管理的理论同样可以运用到环境保护的工作中。环境保护是一项需要多部门密切配合、多环节细致监控的整体性任务。若想圆满完成此项任务，不仅仅要注重最终取得的工作效果，更要从整体着眼，对每个环节进行严密监控，加大过程控制，规避部分单位只作形象工程的弊病。

环保过程的全过程管理，我们形象地称为"羊论"。一只羊只有以优质牧草为原料、由饲养人员精心喂养，才能膘肥体壮。投入了多少牧草、花费了多少心血和羊最终的体重是呈正相关的，只有付出才能有收获，投入与产出密切相关。在环保实践中，同样可以此为借鉴，将投入作为基石来判断产出的量与质。

以污水处理厂为例，在我国，很多污水处理厂在应对环保部门的检查时，存在"开机欢迎、关机欢送"的现象。上级部门到来时打开机器，营造热火朝天的工作场面，检查结束后又将机器束之高阁，做足表面功夫，凭借完整的监测数据和达标的出水水质上交圆满答卷。而实质是金玉其外败絮其中，问题仍然层出不穷。

所以，对于污水处理厂等环保设施的监管不应只是"一时一刻"，而是要着眼于全过程。过去对节能减排情况的考察，往往只是单纯的以排污口情况为标准，而现在对其工作成果的判断将不只着眼于工厂里是否设置环保设施、设备，这些设备是否在上级检查时正常运行，是要更加关注这些设备是否在日常生产生活中发挥了应有的作用，真正做到了将环保作为工厂发展的重要职责。日常环节的考察监督可以借助于一些具体的数据，如这些设备的折旧损耗程度、工厂缴纳的电费、环保设施运转过程当中所需的化学药品购买记录等。一般来说，节能减排设施运转所消耗的电量占到污水处理厂总耗电的 70% 左右，因而电费统计单往往可以成为重要的判断依据。如果电费情况有漏洞，也就说明了节能减排设施的运转存在问题，而这正是所谓的"理想监测数据"无法解释的。以细节为着手点，进行全面考察，更有助于从整体上把握减排工作的进展。

　　羊只有吃了草，才会长膘；只有吃了足够的草，才能长得膘肥体壮。
把这个朴素的道理运用到减排督察之中，就是——环保设施只有运转才会
发挥环保作用；只有持续运转、科学操作，才会发挥应有的减排功效。"羊
论"正是在污染减排环保监管中识别造假的利器。

第二篇

> >> "十一五" 污染减排艰难起航

第二篇

"十一五"污染减排艰难起航

污染减排的"不得不"与"必须必"

一、污染减排任务被列为约束性指标

"十一五"期间，主要污染物 SO_2 和 COD 排放总量在 2005 年的基础上减少 10%，这个减排目标是在《国民经济和社会发展第十一个五年（2006—2010 年）规划纲要》（以下简称《规划纲要》）中提出的。

《规划纲要》主要阐明了国家战略意图，明确了政府工作重点，引导市场主体行为，是未来五年我国经济社会发展的宏伟蓝图，是全国各族人民共同的行动纲领，是政府履行经济调节、市场监管、社会管理和公共服

务职责的重要依据。《规划纲要》明确提出，全国范围内资源利用效率显著提高，单位 GDP 能源消耗降低 20% 左右，可持续发展能力得到增强，生态环境恶化趋势基本得到遏制，主要污染物排放总量减少 10%。

《规划纲要》中提出的指标分为预期性指标和约束性指标两类。预期性指标是指国家期望的发展目标，主要依靠市场主体的自主行为实现。约束性指标是指在预期性指标的基础上进一步明确政府职责的指标，是中央政府在公共服务和涉及公共利益领域对地方政府和中央政府有关部门提出的工作要求。政府要通过合理配置公共资源和有效运用行政力量确保实现。通俗地讲，约束性指标是一条不可逾越的"红线"。《规划纲要》中提出了 22 项量化指标，其中，"主要污染物 SO_2 和 COD 排放总量在 2005 年的基础上减少 10%"就是属于"十一五"时期经济社会发展的约束性指标。

二、社会各界对污染减排工作空前重视

2006 年 5 月 29 日，经国务院授权，国家环境保护总局与 31 个省级政府签订"十一五"SO_2 总量削减目标责任书。随后，COD 目标责任书、节能目标责任书、关闭小火电目标责任书和淘汰落后钢铁产能目标责任书陆续签订。2006 年建成了 1.04 亿千瓦脱硫装机容量，新增 553 城市污水处理厂，其处理能力为 1 733 万吨 / 日，SO_2 和 COD 分别比 2005 年增长 1.8% 和 1.2%，

虽然没有完成年度削减 2% 的目标，但与 2005 年增幅相比，2006 年 SO_2 和 COD 排放量分别回落了 11.3 个和 4.4 个百分点，污染物总量减排的工作力度明显加大，污染物增长趋势大幅减缓。

2007 年初，国家环境保护总局派出了 15 个工作组，逐省核查总量减排工作，在经过大量科学测算和广泛征求意见的基础上，确定了审核总量方法，并向各地函告两项污染物总量排放情况，其中 SO_2 排放量下降的省有 11 个、COD 的排放量下降的省有 12 个。

2007 年 8 月 21 日，国家环境保护总局、国家统计局、国家发展和改革委员会发布了《2007 年上半年各省、自治区、直辖市主要污染物排放量指标公报》。公报称，2007 年上半年，全国 SO_2 排放总量为 1 263.4 万吨，与 2006 年同期相比下降 0.88％；COD 排放总量 691.3 万吨，与 2006 年同期相比增长 0.24％。

2007 年 3 月 16 日，国务院副总理曾培炎给国务院总理温家宝写了一封有关节能减排的信，重点说明了节能减排工作中存在的一些突出问题：认识不到位、措施跟不上、政策不完善、投入不落实和协调不得力，并提出了相关的完善措施。温家宝总理批示指出：“我赞成你的意见。完成节能减排两项指标是一场硬仗，必须尽早提出综合性工作方案，建立强有力的组织协调机构，并适时进行全国性的动员部署。请你抓紧做好准备工作。”

2007 年 4 月 27 日，全国节能减排电视电话会议召开，对节能减排工作进行了全面动员和部署，温家宝总理亲自讲话，全国减排大幕正式拉开。随后国务院成立了节能减排领导小组，总理亲自任组长。设立了节能减排办公室（发改委），国家环境保护总局负责减排工作。国务院颁布了《节能减排综合性工作方案》（共 45 条），其中涉及减排内容的有 38 条。

三、污染减排任务空前繁重

　　根据到 2010 年完成"两个 10%"的减排任务，SO_2 要由 2005 年的 2 549 万吨减少到 2 295 万吨，净削减 254 万吨；COD 由 1 414 万吨减少到 1 273 万吨，净削减 141 万吨。五年平均下来，每年要减少几十万吨，但这只是一个静态的减排，是在经济零增长情况下的减排。据测算，如果 2010 年单位 GDP 能源消耗比 2005 年降低 20%、新建项目环保措施都落实，在 GDP 年均增加 10% 情况下，要实现上述减排目标，SO_2 和 COD 需要从老污染源中分别减排 670 万吨和 570 万吨，相当于 2005 年排放量的 26.3% 和 40.3%，每年老项目平均要削减上百万吨。不但要把新增的全部抵消掉，而且还要在原污染总量中再削减 10%，任务非常繁重。

四、污染减排面临形势空前严峻

　　污染减排起步的 2006 年第一季度，我国电力、钢铁、有色、建材、石油加工、化工等六大高耗能行业增长过快，增速达到 20.6%，同比加快 6.6 个百分点，比规模以上工业增速高 2.3 个百分点；用电量增长 18.2%，比工业用电量增速高 1.4 个百分点。这六大行业的能耗占了全社会能源消耗和污染排放的绝大部分，能耗和 SO_2 排放占全国工业的比例都在 70% 左右。可见，推进节能减排工作任重道远。

　　2007 年国务院成立了节能减排领导小组，时任国务院总理温家宝亲自担任组长，下设减排组和节能组办公室，节能组设在发改委，减排组设在国家环境保护总局。国家环境保护总局有了一个牵头的发号施令的机会。一些困扰国家环境保护总局的老大难问题，如体制机制问题、执法公务员编制问题，都有希望得到解决。经费问题方面，2007 年三大体系得到了20 亿元的经费；多项节能减排政策也陆续出台，需要解决的问题正在逐步解决。在解决困难的同时，我们也应意识到，虽然减排任务是否完成的责任主体是政府，但作为政府的一个部门，具体的工作压力则落在国家环境保护总局身上。2006 年没有完成预定的减排任务，环保监管执法不到位就是主要原因之一（对环境保护重视不够、经济增长方式粗放、环保监管执法不到位是减排指标未完成的三大主要原因）。

障碍：污染减排破冰起航

一、环境统计力量薄弱

我国的环境统计是适应环境保护工作的需要而建立，并伴随着环境保护事业的发展而发展的。1980 年国务院环境保护领导小组与国家统计局联合建立了环境保护统计制度，主要是针对工业企业的环境污染排放治理进行的统计。此后，国务院有关部门相关的统计制度中也相继涵盖了有关环境保护的内容，并逐步纳入国家统计范围。

环境统计数据是环保工作的基础和依据，具有法律权威性。随着环保事业的快速发展，对环境信息质量的要求越来越高。然而现行的体制和统计方法多有缺陷，环境统计力量薄弱，统计工作抗干扰能力差，违法统计屡禁不止。虚假数字误导了公众和决策者，给宏观管理造成巨大损失，并影响了政府的声誉。

尽管我国环境统计制度进行过多次改革，但是围绕着污染源自下而上发表调查、层层汇总、逐级上报的模式（企业填表—环保部门核查—上级环保部门核查—国家环境保护总局）并没有质的改变，数据质量受多方面的制约。由于各种因素干扰，环境统计数据误差较大。主要表现为：

（一）基层企业填报存在较大误差

基层报表的填报都是由被调查企业报送的，被调查企业的填报人员不一定都是懂环保业务的人员，基层报表的填报质量不高，原因可能主要在于对填报说明和指标的含义理解不透；表中各项指标的平衡关系、逻辑关系不清晰；污染物的排放量随意性大，排污系数取值范围因人而异，未对产值、产量与排污量进行定量分析，缺乏可靠的依据；有代码的指标不按国家标准代码填写等，这些因素最终可能导致统计结果汇总错误。另外，目前有些企业的计量手段不够全面，对各个环节的能耗、物耗及废物产生量无法进行准确计量，很多数据通过物料平衡来计算，误差较大。

同时，部分企业法制观念淡薄，出于自身的利益，害怕环保部门将统计数据与排污收费或环保处罚挂钩，不愿意反映真实情况，虚报、瞒报环境统计数据的现象屡见不鲜，迟报更是常事。另外，大量的乡镇单位还没有纳入环保管理体系，致使统计范围不全面，被调查的个体指标有错漏，汇总结果也就不可能准确。

（二）环保部门核查工作不够完善

1.环境统计工作重视不够

目前，基层环保部门对环境统计工作的重要性普遍认识不足，而且有些还存有偏见，认为环境统计就是填个报表，报几个数字应付一下上面就大功告成了，没有把环境统计放在应有的位置。对于一些统计数据的处理往往也只是就事论事，仅仅停留在各类污染物总量排放达标的表面现象上，很少去运用定量的数字语言来表示和评价环境污染状况、企业污染治理成果及达到的水平，从而直接导致了环境统计人员工作作风漂浮，要么报喜不报忧，不实事求是；要么不深入实际调查研究，单纯地坐在办公室用电话向企业要几个数据汇总上报，既不去核实数据的真实性，也不去潜心作环境统计分析。一些中小企业的环境统计更是应付了事，基本处于无政府状态。

部分基层环保局没有独立的环境统计机构，统计人员也属兼职人员，许多是领导临时指派，缺乏稳定性，特别是基层企业的环境统计人员更是兼职再兼职，工作应付了事，根本谈不上人员的培训及专业技术的学习。

统计人员中拥有统计上岗证的寥寥无几，更不用说取得统计专业技术职称及环保专业技术职称了。行政机关中统计机构及岗位得不到保证，有的省份甚至取消了环境统计岗位。

2. 环境统计能力不强

环境统计工作涉及数量庞大的污染源。一直以来，环保部门人力、物力和权力有限，监管存在缺位、不到位。现行的环境统计制度只有数据逻辑性校验程序，缺乏对数据准确性的有效监督手段和核查方法。

实行总量控制后，污染物总量控制目标的制定、分解以及目标的落实、考核等都需要环境监测部门的监测，因而环境监测工作任务十分繁重，具体表现为需监测的污染物种类多、污染源数量庞大。目前，由于我国环境监测部门较多，装备情况相差较大，监测人员水平不一，在监测过程中存在不规范操作现象，如随意性大、系统性和代表性差、点位设置不合理、采样频率和方法不规范、样品储运保存方法不当等，造成环境监测数据的准确性较差。污染源在线监测刚刚起步，采用物料核算和排放系数法进行核算的基础数据和方法标准未能随工艺和技术进步及时更新。

环境统计工作经费不足，对基础研究缺少必要的投入。部分地级城市没有配备统计用计算机，有些区县环境统计人员甚至要到上级环保部门去录入数据，直接影响环境统计数据的准确性和时效性。

（三）地方行政干预

在统计法规中，明确了统计工作具有独立性，统计数据主要用于反映实际情况。但是，近年来环境统计日益与环保责任考核、创建国家环保模范城、政绩评价等工作密切挂钩，牵涉多方面的利益。

统计人员的人权、事权、财权均掌握在领导的手中，其日常工作不受外界干扰几乎是不可能的，因此统计工作很大

程度上受制于当地领导。由于体制存在漏洞，加之有关部门执法不力，在功利主义的驱动下，数据被层层篡改，成为某些基层领导掩盖问题、美化政绩的工具。统计数字成了领导手中的"气球"，要大便大，要小便小，失去了统计工作应有的意义。随着考评标准的提高，数据水分越来越大，问题不断扩大化。而对上述种种违法行为，环保部门缺乏有效的执法措施及对策，难以满足严格依法进行环境统计工作的需要。

综上原因最终导致了我国环境统计数据质量难以保证。2005 年某些地区的主要污染物排放量数据，就是在这样非常薄弱的统计基础上产生的，此基数的准确性可见一斑，其科学性以及服务性必然会大打折扣。

在以后的实际工作中，各地如果始终咬着这个基数不放、成天绕着它就数论数的话，对于我国产业结构调整、经济增长方式转变、环境质量改善是没有太大意义的，对于建设资源节约型和环境友好型社会、实现可持续发展、最终实现建设社会主义和谐社会是没有太大推动作用的。主要污染物减排约束性指标，是党中央、国务院统筹经济社会健康发展和保护环境的紧迫需要提出的重要任务，本意在于通过这两个指标，切实遏制住"重经济增长，轻环境保护"的粗放式发展模式，通过这两个指标的警示作用，切实推动环境保护纳入宏观发展战略。各地通过实事求是地开展工作，建设污染削减工程、淘汰落后污染产业，达到指标的下降，环境监管能力的上升，最终实现环境质量改善的目标。

二、个别地方起步时减排工作不扎实

《规划纲要》提出了"十一五"期间单位 GDP 能耗降低 20% 左右，主要污染物的排放总量减少 10% 的目标。为完成任务、达到减排目标，各地方政府在紧抓环保工作，取得一定成绩的同时，也暴露出一些问题，个别地方政府官员为了使政绩更加显赫，一味追求 GDP 的绝对增长，在工作中甚至到了不计成本和代价地重复规划、重复建设、浪费资源、无视污染的地步。在减排工作起步初期，甚至把前几年关停的小水泥厂、小电厂、小钢铁厂拿出来应付检查，或用早已倒闭多年的企业"滥竽充数"，乍看之下还以为减排形势一片大好，实则并没有扎扎实实地开展工作。

案例1：减排周期呈锯齿状，地方 SO_2 小金库猖狂

排污数据统计以五年为期。从统计图中不免惊奇地发现，锯齿状的图线顺次交替。锯齿峰端往往位于五年初期，而锯齿谷端则在五年终期。陡降的线条无疑彰显了各地五年来在减排工作上的骄人战绩。而每逢交替之年，排污量总会莫名地陡增，随即再是稳步下降，由此再次周而复始。

这看似戏剧性的重复并非偶然，而是人为的结果。五年之初，脱硫设施、污水处理厂等项目尚未全部到位，在排污企业日趋增加的情况下，顶着"减排"重压的各地政府，往往将排污基数抬高，以更好地保证减排目标的"实现"。80万吨的 SO_2 排放量，往往会被报为100万吨，依靠"数字游戏"，各地 SO_2 小金库日趋猖狂。

案例2："死人"没有"工资"

有些地方为达到减排目标会将一些排污超标企业悄然隐去，在被追查时就表示该企业早已关停，用隐形手段完成预期任务。

对此，环境保护部积极应对，对这些所谓的"关停企业"停止发放绿色贷款。的确，"死人"并不应继续享有"工资"。

没有贷款无疑彻底要了企业的"性命"，迫使这些排污超标企业不得不纷纷"复活"，重新正视减排工作。

案例3：目标尚未公布，一些地方已报完成

在地方"自报"减排数据的时期，所谓的国家减排目标，根本不入地

方法眼。当被环境保护
部间及减排 10% 的目标
能否实现时，一些地方
信心十足地表示：保证
完成！更有甚者扬言，
20% 都行。而实际上，
依据当时的情况，完成
减排 5% 的任务都十分
艰难。

可见，各地减排统
计数据自己设计的"天
衣无缝"，国家审核时很难找到相关凭证，不得不听信地方一面之词。有
的地方甚至在国家减排目标尚未公布之时，即已上报目标完成。由此可见，
管理制度、人员素质、企业利益、群众心理、环保观念等多方面的问题都
有待进一步解决。

转变：认识的提高

一、对环境保护认识的转变

在明确环境"看家狗"这一定位后，各地环保部门的工作思路已实现了转变。

案例 1：某省建设厅长主动汇报减排工作进展

以前，地方环保部门常常处于被动状态。如果完不成减排任务，就将被免职。面对如此大的压力，地方环保部门往往采取编数据的招数以不变应万变。

对此，原国家环境保护总局下令：坚决不许编数据！从而使得地方环保部门怨声载道。某省环保部门提出，若完成减排目标，在数据的处理上需要有一个过渡期。但这一说法并没有得到原国家环境保护总局的认同。

国家环境保护总局对编数据坚决说 No：坚决不许编数据！于是使得地方环保部门怨声载道。

为了避免由于减排目标未完成而被问责，各地都在加紧进行减排工作。其中，某省建设厅长还特意赶到环保部汇报减排工作进展情况。

地方领导主动汇报环境保护情况，这在以前是根本不可想象的事情。可见，环境保护已逐步受到各地关注，地方环保部门在减排问题上已形成清晰认识。

案例 2：某市造纸厂事例——环保部门应与政府联手治理环境问题

某市造纸厂数量众多，其对环境的威胁不容忽视，由于职能的限制，单凭当地环保部门一己之力，很难完成对当地环境的有效监管任务。

在此背景下，某市环保局端正自己的位置，将当地问题合理有效地反映给政府部门，在当地政府的有效决策下，实现了不合格造纸厂的全部关停。

"限批"迫使当地政府下令将没有治理设施的造纸厂全部关掉，结果减排效果非常好。

这无疑说明，环保部门只能够在监管环节上起到一定的推动作用，而具体惩治措施的出台与实施还要依靠政府部门的力量。因此，若想充分发挥环保部门的职能，就一定要认清职责定位，与政府联手，在权责明晰的前提下，通过各方协作，有效地解决环境问题。

二、环保工作得到高层领导重视

减排的责任应下放到各地方政府，而对环境负责的主体则应上移。

《环境保护法》中明确：各级政府应对所辖区域环境质量负责。但地方政府对环境质量负责却没有明确数据来做考核依托。一级天气是负责，三级天气也可称为负责；Ⅱ类水体是负责，Ⅴ类水体同样也可称作负责。因为没有明确规定"负责"的标准，所以，地方政府对环境质量的责任始终没有得到真正的落实。

此外，环保部门并不应是对环境保护负责的主体，环保部门不能代表人民政府来管环保，各地环境保护工作已逐步实现了责任主体的上移。

案例1：某省的"摘帽子"工程

2007年，国家环境保护总局曾向某省发出预警，称其如不加大工作力度，可能将无法完成减排任务。该省省长立刻意识到问题的严重性，因为省长要对其所辖地区的环境质量负责，如果完不成减排任务，就会被一票问责制否决。所以，该省省长推掉所有工作，亲自抓环保。他召集了环保局、城建局、电力部门、财政部等和减排有关的各个部门的领导，共商减排大计。各部门纷纷表示，完成减排任务存在种种困难：城建局称，污水处理厂建设面临没有钱、没有施工队伍的问题；电力部门表示，受经济快速增长的制约，脱硫设施也无法按期完成。对此，省长设置底线：能完成任务的留下，完不成任务的离开。在"摘帽子"的巨大威胁面前，各部门领导无不迎难而上，最终全部超额完成任务。

可见，如果单是环保部门抓环保，就难免会出现能力不够的问题。这也引发了对"是否建立环保部门参与综合决策机制"等问题的思考。

案例2：某省省长亲自抓减排

相对于太湖、淮河这样水体污染典型而言，某省境内的流域水质较好。而较好的水质却成为了某省拒绝建设污水处理厂的理由。

　　但治污不能等到污染严重时再着手，就像人不能等到"病入膏肓"时再治疗一样。只要水质有变差的趋势就应被问责，与水质是Ⅱ类还是Ⅴ类无关。于是，2008年，环保部向某省发出预警。

　　此次环保部的预警为该省今后的减排工作敲响了警钟。之后，省委书记亲自抓减排，投巨资建污水处理厂，统一设计，统一施工，统一管网，统一收费，统一市场化。不论是哪一个环节，若调度进展不快，相关责任方要在电视台做检查。同时还对一些进展滞后的地市开展了限批。治污也好，减排也罢，均需要防患于未然，环保工作需警钟长鸣。

案例 3：某流域造纸厂的"限批"治理

2006 年，某流域曾经上马了大量的小型造纸厂，造成流域水体的严重污染。在调查清楚该流域严重的水污染状况后，国家环境保护总局再出"狠招"：在流域水污染问题没有解决之前，任何该流域的涉水项目都将不再被审批。这便是最早的"限批"实践。

针对造纸厂对 COD 减排任务完成带来的严重威胁，当地环保局向当地人民政府发出预警。通过视察，当地人民政府下令将没有治理设施的造纸厂全部关掉，减排取得了良好效果。

可见，在减排过程中，环保部门并不需要与造纸厂发生正面冲突，需要的只是明确关联关系，及时对责任主体发出预警。这也表明了环保部门明确自身职责、转变工作方式的重要性。在实际工作中，环保部门对于那些排污"毛贼"也能够予以整治，起到杀一儆百的作用。这正是所谓的"黑砖理论"。

三、环保工作地位提高，污染减排顺利推进

随着环境污染问题的日趋严重和各级领导对其重视程度的广泛提高，我国环保地位逐步提高，长期受搁浅的环保工作逐步顺畅。

案例 1：某市 100 天建成污水处理厂

由于预警制度在污染减排管理工作中的有效实施，2008 年有 8 个地级市因有各种减排指标未达标而受到相关部门的警告，并对污水处理厂建设进展滞后的某市进行了"限批"。

在此情况下，7 年无人问津的污水处理厂项目引起了相关领导的重视。该市副市长日夜驻扎在工地，监察工作的进展。该市市长也每晚 11 时后亲自到现场视察工作。

在清污过程中，经过有关领导的批准，当地财政部门调来现金，现场发放给工作人员，调动他们的工作积极性，从而促进工程的有效展开。同时，积聚多方力量，铸水泥时，请来拥有最好设备、完成浇铸三峡大坝任务的武警水电七支队进行援助。

通过各方的积极配合，该市仅用 100 天的时间就建成了一个日处理能力 10 万吨的污水处理厂，可谓创造了水业奇迹。

可见，有效的预警制度能够有效督促相关部门的工作，从而推动环境事业的良好发展。

基石：污染减排三大原则

随着中国经济维持高速增长，社会经济面貌发生了广泛而深刻的变化，但是在享受经济高增长带来的繁荣的同时，中国正在付出能源紧缺、环境污染的巨大代价。2006 年，国家监测的 745 个断面中，劣 V 类水质断面达28％，70% 江河水系受到污染，75% 湖泊出现富营养化，近岸海域海水水质总体属轻度污染，沿海赤潮年发生次数比 20 世纪 80 年代增加了 3 倍，1/5 的城市空气污染严重，酸雨影响面积占国土面积的 1/3。持久性有机污染物、重金属、辐射、电子垃圾等新的环境问题也在不断增多，经济发展与资源环境的矛盾日趋尖锐。

污染减排的任务就是在这种历史背景和要求下提出来的。《国民经济和社会发展第十一个五年（2006—2010 年）规划纲要》提出："十一五"期间主要污染物 SO_2 和 COD 排放总量要在 2005 年的基础上减少 10％，如图 2-1、图 2-2、图 2-3、图 2-4。

党中央、国务院高度重视污染减排工作，将其作为加强环境保护、实现科学发展的重要措施。在各级政府的高度重视下，污染减排工作力度明显加大，约束性指标的导向作用开始显现。污染减排开始当年，2006 年建成电厂脱硫能力 1.04 亿千瓦，超过了前 10 年电厂脱硫能力 4 600 多万千瓦的总和，首次实现当年新增脱硫装机容量超过新增发电装机容量；城镇污水处理设施建设步伐加快，全国新建城市污水处理厂 283 座，城镇污水处理率由 52% 提高到 56% 以上。

尽管减排工作取得新的进展，但是减排形势依然严峻。2006 年 COD 和 SO_2 两项指标分别增长了 1.0% 和 1.5%。2007 年上半年，COD 排放量同比增长 0.24%，SO_2 排放量同比下降 0.88%，但减排效果尚不稳定。2006 年我国 GDP 占世界的 5.5%，却消耗了世界 54% 的水泥、30% 的钢铁、15% 的能源，粗放的经济增长方式仍未得到根本转变。部分地区污染减排工作"讲起来重要，做起来次要，忙起来不要"的现象仍旧突出。

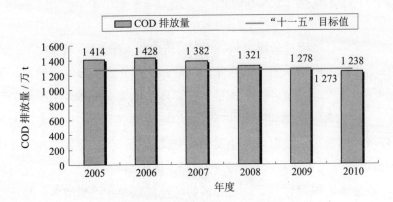

图 2-1　2005—2010 年 COD 排放量变化

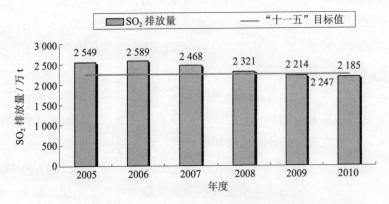

图 2-2　2005—2010 年 SO_2 排放量变化

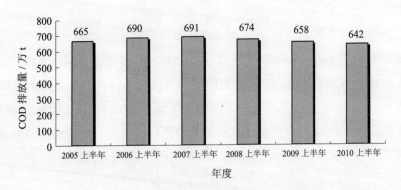

图 2-3　2005—2010 年上半年 COD 排放量变化

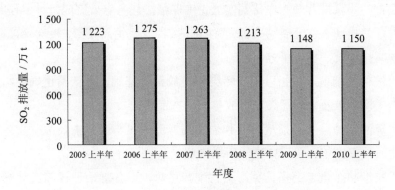

图 2-4 2005—2010 年上半年 SO_2 排放量变化

党的十七大报告强调："建设生态文明，基本形成节约能源资源和保护生态环境的产业结构、增长方式、消费模式"、"主要污染物排放得到有效控制，生态环境质量明显改善"、"生态文明观念在全社会牢固树立"。可见加快转变经济增长方式已经成为我国的重大战略任务，随着经济社会的不断发展，中央已将节能减排作为当前加强宏观调控的重点，作为经济结构调整、转变增长方式的突破口和重要抓手，作为构建和谐社会和树立生态文明观的重要举措。

虽然减排任务是否完成的责任主体是政府，但作为主要负责部门，环保部门同样承担着巨大的工作压力。

要把污染减排各项工作落到实处，确保减排任务有效完成，科学开展、明确方针是推动工作开展的关键。"淡化基础量，算清新增量，核准减排量"为科学减排导航，指明了方向。

"淡化基础量"是指以上年污染物排放量为基础，承认其正确性，并更多地关注当年及今后污染物排放量的动态变化。

"算清新增量"是指从工业和生活两方面通过与上年主要污染物排放量对比，核算当年主要污染物的新增排放量。

"核准减排量"是指计算污染物削减量时，以各地治理设施实际削减量为依据，不仅关注处理设施的处理能力，同时要考虑处理设施的稳定运行时间和实际处理效果等，确保减排量数据有理有据有力。

该原则的动态思想和具体内容贯穿在污染物减排核算的每个过程，对提高减排统计工作的准确性和有效性具有重大指导作用。

例如，一个房间中有桌椅、电脑、打印机等多件办公用品，由于不同物品购买时间不同、使用年限不同、同物品的折旧率不同，如电脑设备购买时价格可能超过万元，但由于电子产品更新速度极快，第二年价值就可能仅几千元，所以对于房间内所有物品的统一估值，做出一个总体的价值估计很难，往往距离实际差别很大。但是，能够精确计算出的是，如果有人从房间里拿出一件物品，很容易对这件物品进行估值；同样，对于新购入物品的价值，也很容易得到。

由此，污染减排"三大原则"就更容易理解。对于一个地区整体的环境容量很难做出精确的判断，但是对于新建项目和淘汰关停项目污染物核算就相对简单。如果一个地区新建企业污染物排放量小于淘汰关停的企业排放量的话，则该地区整体的环境质量就会有向好的方向转变的趋势，反之则会进一步恶化。

一、淡化基础量

淡化基础量的用意可以从两个方面理解：一方面，由于我国环境统计工作中存在的种种不足，导致减排统计数据失实、数据质量难以保证，失实的数据无法很好地为环境管理提供高质量的服务，甚至可能会对公众和决策者产生误导；另一方面，考虑到统计数据本身可能存在误差，应在承认现有基数的基础上，按照《"十一五"主要污染物总量减排统计办法》的指导，更多地关注基础数据误差（如在 ±10%、±20%、±30% 波动范围内）对 2010 年的最终减排目标值（10%）的影响程度。

系统误差计算分析：

考虑到基础量数据准确性不高的现实，在国家已经承认现有基数、各省（自治区、直辖市）的目标就是在完成《国务院关于"十一五"期间全国主要污染物排放总量控制计划的批复》中规定的指标数据的基础上，更多地关注基础数据误差对 2010 年的减排目标值（10%）的影响程度。

主要污染物总量减排统计是一个动态过程，应以现状排放量为基础，在一定时间和空间范围内分别核算新增污染物的排放量和由于各种新增治理措施带来的污染物削减量，然后将二者与现状排放量相叠加。由此可以看出，真正意义上的污染物减排量是一个相对值，它等于污染物绝对削减量减去新增污染物的排放量，如图 2-5、表 2-1。

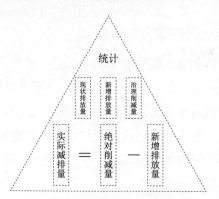

图 2-5　主要污染物总量减排统计

表 2-1　污染减排、削减、新增量对应值

年份	当年减排量	当年绝对削减量	当年新增排放量
2006	J_1	X_1	Z_1
2007	J_2	X_2	Z_2
2008	J_3	X_3	Z_3
2009	J_4	X_4	Z_4
2010	J_5	X_5	Z_5

公式 1: $R = \dfrac{J}{A}$

其中: R 为减排率; J 为 "十一五" 累计减排量; A 为 2005 年污染物排放量。

公式 2: $J_i = X_i - Z_i$, $i = 1, 2, 3, 4, 5$

其中: J_i 为对应年当年减排量; X_i 为对应年当年绝对减排量; Z_i 为对应年当年新增排放量。

公式 3: $J = \sum\limits_{i=1}^{5} J_i$, $i = 1, 2, 3, 4, 5$

公式 4: X_i(COD) = 当年关停企业减少的 COD 排放量 + 当年企业污染治理设施新增污染物削减量 + 当年城镇污水处理厂新增 COD 去除量

公式 5: X_i(SO$_2$) = 当年关停企业 (如小火电、钢铁等) 减少的 SO$_2$ 排放量 + 当年新增火电 SO$_2$ 削减量 + 当年新增非火电 SO$_2$ 削减量。

通过计算, 比较 R 与 10% 之间的大小关系。检验当 A(基数) 误差为 ±10%、±20%、±30% 时, 通过函数传导, 计算 R 值的函数误差。

由上述公式可以看出, 要达到 2010 年排放量减排 10% 的目标, 在基数 A 已经确定的大前提下, 尽可能削减排放量, 新建大量污染处置或污染控制工程, 关停落后污染企业, 增加 X_i 值, 积极控制新建新增污染排放项目, 减小 Z_i 值, 才是更为有效可行的处理手段。

因此, 各地应本着淡化基础量的原则, 积极有效开展工作, 不死抠过去数据, 淡化其数值, 重视其用意, 放眼未来, 着手现在, 以更为积极主动的方式打好污染减排这场硬仗。

二、算清新增量

(一) 算清新增量的目的和意义

"十一五" 时期, 主要污染物总量削减的目标很明确, 即到 2010 年达到两个主要污染物在 2005 年的基础上实现 10% 的减排任务。需要明确的是：主要污染物总量减排统计是一个动态过程，也就是说，到 2010 年底，不但要把新增污染物的量全部削减，而且还要在 2005 年的基础上再削减 10%。

在经济零增长情况下的减排，若静态地完成 2010 年两个 10% 的减排任务，主要污染物 SO_2 要从 2005 年的 2 549 万吨减少到 2 295 万吨，净削减 254 万吨；COD 由 1 414 万吨减少到 1 273 万吨，净削减 141 万吨。五年里，平均每年减少 20 多万吨。而在总量现状分析基础上，结合经济社会发展情况，在"十一五"年均经济增长速度 10%、单位 GDP 能源消耗比 2005 年降低 20%、新建项目环保措施都落实到位的情况下，经测算，在全国范围内，要实现减排目标，SO_2 和 COD 需要从老污染源中分别减排 670 万吨和 570 万吨，相当于 2005 年排放量的 26.3% 和 40.3%，其中，增加的 SO_2、COD 排放量分别为 370 万吨和 430 万吨，图 2-6、图 2-7 为专家测算的部分省市 COD 和 SO_2 的动态和静态削减的对比图，可见实际情况中，总量削减的任务远高于静态削减量，污染减排工作任重道远。

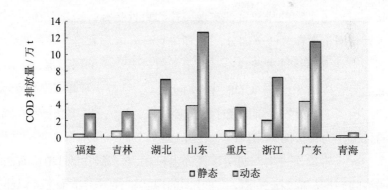

图 2-6　部分省市 COD 动态和静态削减

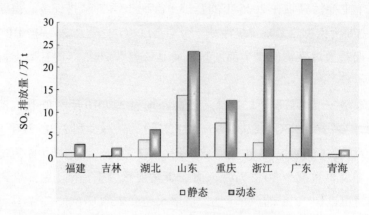

图 2-7　部分省市 SO₂ 动态和静态削减

因此，要完成总量削减任务，需要认清形势、明确任务，进行动态削减，以现状排放量为基础，对污染物的排放趋势和新增量做出科学分析和定量预测，在一定时间和空间范围内分别核算新增污染物的排放量和由于各种治理措施带来的污染物削减量，然后将二者与现有排放量相叠加。由此可以看出，真正意义上的污染物减排量是一个相对值，它等于污染物绝对削减量减去新增污染物的排放量。实现减排约束性指标，应将任务进一步分解，分为新增量和存量两个部分，以便进行分开管理和落实。

国务院副总理曾培炎曾说："改革开放以来，我们国家保持了经济高速发展的势头，这 30 年来 GDP 以年均 9.5% 的增幅高速增长，我们 30 年走过的路相当于西方发达国家走了近百年的路。我们的高速发展是以资源、环境的付出作为代价的"。随着"十一五"规划节能减排约束性指标的提出，党的十七大报告首次将生态文明建设提上日程，资源环境问题已站在了一个新的战略高度，但与此同时，在我国的现实条件下，必须推动以经济增长为基础与核心的、兼顾资源合理利用与环境保护的社会发展。因此，要实现污染减排目标，就必须将污染减排任务放到经济增长的前提和背景下，新增污染物排放量更是和经济社会的发展密不可分。

国家统计局报告指出 2006 年 GDP 增长速度，由原来的 10.7% 修订为11.1%，2007 年上半年 GDP 增长速度为 11.5%，单位 GDP 能耗下降 2.78%。

而 10% 的减排目标是按照 GDP 增长 7.5% 的预期确定的，GDP 增速的加快使得减排形势发生了重大的变化，表 2-2 和表 2-3 为不同 GDP 增长率对污染物新增量和削减量的影响。按照"十一五"能源规划，预计到 2010 年煤炭消费总量为 24.5 亿吨，而 2006 年底我国的煤炭消费量已为 23.7 亿吨，2007 年为 25.8 亿吨，提前 3 年达到预测量；电力规划是按照电力消费弹性系数为 1，发电量年均 8.5% 来安排的，但目前弹性系数已经达到 1.59，火力发电量增长 18.5%。

"经济要增量，污染物要减量"，无论前置条件发生什么变化，都要完成绝对量减少 10% 的减排任务，可见，减排形势确实是非常严峻的。

表 2-2　全国 SO_2 新增量预测

GDP 预期增长率	SO_2 新增量 / 万 t	SO_2 总削减量 / 万 t	与 2005 年相比削减比例
7.5%	187	490	19.22%
9%	292	595	23.34%
10%	370	673	26.40%

表 2-3　全国 COD 新增量预测

GDP 预期增长率	COD 新增量 / 万 t	COD 总削减量 / 万 t	与 2005 年相比削减比例
7.5%	310	451	31.9%
9%	380	521	36.85%
10%	430	571	40.38%

（二）算清新增量的方法

"在全面建设小康社会的进程中，经济规模将进一步扩大，工业化不断推进，居民消费结构逐步升级，城市化步伐加快，资源供需矛盾和环境压力将越来越大"。国务院领导同志尖锐地指出了目前工业化和城市化是造成资源环境压力的两个最主要原因，在工业化和城市化的进程中产生了大量污染物，因此在计算主要污染物 COD 和 SO_2 的新增排放量时，要抓住主要矛盾，计算工业源和生活源所产生的污染物排放，合计组成污染物新增排放量，通过与上年主要污染物排放量作对比，核算当年主要污染物的新增排放量。面源以及其他不在环境统计口径内的因素均不考虑。新增量的计算采用产污系数法和排放强度法两种方式，增量和增长率均是在当年与上年相比的基础上得出。

1.COD 新增排放量

（1）排放强度法预测工业 COD 排放量

新增工业 COD 排放量＝基准年工业 COD 排放强度 × 上年 GDP× 扣除低 COD 排放行业贡献率后的 GDP 增长率

其中：

基准年工业 COD 排放强度＝基准年工业 COD 排放量（万吨）/

基准年 GDP（亿元）

扣除低 COD 排放行业贡献率后的 GDP 增长率＝ [1 －（低 COD 排放行业工业增加值的增量 /GDP 的增量）]×GDP 增长率

要点：

基准年排放量指的是经过企业治理设施但没有经过城市污水处理厂等集中处理设施进一步削减的污染物量。

基准年工业 COD 排放强度取 2005 年 COD 数据计算。

（2）生活 COD 排放新增量预测产生系数法预测生活 COD 排放量

新增生活 COD 排放量＝新增城镇常住人口数 × 城镇生活 COD 产生系数 ×

365 －城镇污水处理厂去除的生活 COD

要点：

根据城镇常住人口数（或非农人口数）等社会统计数据测算得到。

城镇生活 COD 产生系数优先采用本省的 COD 产生系数或实测数据，但对于实测数据需要予以说明，为保证实测数据的准确性，须将实测数据与国家统计系数比较，取值差异大的，需要进行深入分析。

当地未进行人均 COD 产生系数测算和实测工作的省份，则统一采用环境统计中规定的 COD 产生系数，并与基准年该数据取值保持一致。按照环境统计规定，全国平均取值为 75 克 /（人·日），北方城市平均值为65 克 /（人·日），北方特大城市为 70 克 /（人·日），北方其他城市为60 克 /（人·日），南方城市平均值为 90 克 /（人·日）。

2. 新增 SO_2 排放量

SO_2 排放量预测分为电力工业和非电力两部分。

$$SO_2 排放量＝火电 SO_2 排放量＋非电 SO_2 排放量$$

（1）电力工业 SO_2 新增排放量预测

"三同时"制度在工业污染末端治理设施上提出了强制性的要求，污染治理设施建设起到积极的督促作用。因此，新建燃煤电厂是否严格执行脱硫设施同步设计、同步建设、同步投产的"三同时"规定，新机组脱硫设施是否到位，对新增电力工业 SO_2 排放量有着十分重要的影响。

火电行业新增 SO_2 排放量的计算，综合考虑实际生产情况，包括以下两种：未脱硫电厂形成的 SO_2 排放增量和脱硫电厂部分形成的 SO_2 排放增量。即辖区平均煤炭硫分确定新增电量导致的 SO_2 产生量，扣去当年新建燃煤机组投产脱硫设施同时运行形成的 SO_2 削减量和上年燃煤机组投产脱硫设施滞后于当年运行形成的 SO_2 削减量。用公式表示即为：

火电行业新增 SO_2 排放量＝电力燃煤增量 × 含硫率 ×0.8×2×

（1－"三同时"执行率）＋电力燃煤增量 × 含硫率 ×0.8×2×

"三同时"执行率 ×（1－脱硫率）

要点：

电力燃煤增量要包括热电联产机组供热部分的煤炭增加量。

全国 2006 年脱硫"三同时"执行率为 70%。

（2）非电力 SO_2 新增排放量预测排放强度法预测非电力 SO_2 排放量

非电力新增 SO_2 排放量＝基准年非电力 SO_2 排放强度 ×

（当年煤炭增加量－电力行业煤炭增加量）

要点：

非电力 SO_2 包括非电力工业燃煤锅炉、原料用煤生产工艺及生活燃煤部分。

三、核准减排量

（一）核准减排量的目的和意义

由前可知，减排量数据的准确性和可靠性将直接影响污染减排工作的成效和减排工作的后续开展。减排量数据不准确或造假，将带来较严重的后果，影响减排工作的有效落实，使减排目标口号化、形式化，不能切实地反映污染排放的真实情况，不利于环境质量的改善，不利于切实转变经济增长方式。减排量数据不准确的危害性主要表现为：①失去约束性指标的严肃性。②不能为环境管理提供服务。③影响行政领导的正确决策。但减排统计工作在部分基层实际操作中出现了偏差，上报的减排量数据偏大，究其原因主要有以下两个方面：一是在核算污染物减排量时，只考虑加强环保和污控设施建设及通过加大落后产能淘汰力度等措施带来的污染物的削减量，未能及时反映新增污染源污染物的排放量。二是核算过程中的误差和偏差等。在初始的核算过程中，全国各地上报的数据和最终核实的数据之间出现了偏差。根据全国各地上报的数据，全国 2007 年上半年 COD 削减 4.7%，各督察中心核算后的数据为下降 3.7%，而国家环境保护总局核算数据为增加 0.24%；SO_2 各地上报的数据汇总后得到全国 2007 年上半年下降 6.2%，督查中心核算后为下降 3.8%，而国家环境保护总局核算为下降 0.88%。可见若不进行准确核算，减排数据可能会五花八门，严重混淆公众和决策者视听；若不进行准确核算，实现减排目标就只能是空谈，减排也将只是场数字游戏。

污染减排核查的目的在于通过对各省、自治区、直辖市上报的年度主要污染物减量相关数据真实性和一致性的核查、检查，为国家考核提供依据，促进各地完成年度污染减排计划和实现"十一五"主要污染物总量减排目标。污染减排核查的内容包括：各省、自治区、直辖市污染减排工作开展情况，年度污染减排计划制定及对应削减量的测算情况，采取的各项工作措施及减排计划完成情况。

污染减排核查的出发点是摸清底子，与地方联合，落脚点是帮助地方更好地开展污染减排工作，进而达到和谐发展的目的。明确了减排量数据准确的重要性，意味着工作中需要在"核准减排量"上下大功夫，确保提高减排统计数据的准确性，确保数据反映最真实的污染减排情况。

以准确的减排量反映减排工作量，并进而推动工程削减、结构削减、监管削减的进行。

（1）工程削减。"十一五"期间，要新增城市污水日处理能力4 500万吨、再生水日利用能力680万吨，COD减排300万吨；加大重点工业废水治理力度，COD减排100万吨；新建燃煤电厂按要求同步建设脱硫设施，现有燃煤电厂投运脱硫机组1.67亿千瓦，减排SO_2 590万吨；12家钢铁企业、14台烧结机完成烟气脱硫治理工程，减排SO_2 10多万吨。

（2）结构削减。关闭5 000万千瓦小火电机组、淘汰落后炼铁产能1亿吨和落后炼钢产能5 500万吨、淘汰炭化室高度小于4.3米以下小机焦1亿吨、淘汰2.5亿吨的普通立窑和小机立窑等，可减排SO_2约240万吨；关闭造纸行业年产3.4万吨以下的草浆生产装置和年产1.7万吨以下的化学制浆生产线以及排放不达标的1万吨以下的再生纸厂、淘汰年产3万吨以下味精生产企业20万吨落后生产能力、淘汰落后酒精生产工艺及酒精3万吨以下落后产能160万吨和关停未通过环保达标公告的柠檬酸生产企业8万吨的落后产能，减排COD 138万吨。

（3）监管削减。强化污染源达标排放，加强企业环境管理，提高重点污染行业排放标准，重点加强对几千家国控重点污染源的监管，将国控重点企业的排放达标率提高到90%以上。加强监督管理，保证减排效益。

（二）核算核查方法

由前得知，当年减排量等于当年新增削减量与当年新增排放量之差。在算清新增量的原则基础上，核准减排量的工作重心就自然而然地落在核准削减量方面。核准削减量又可从核算削减量和核查削减量两方面入手。在此原则基础上， 国家环境保护总局发布的《"十一五"主要污染物总量减排统计办法》《"十一五"主要污染物总量核查办法》以及《"十一五"主要污染物总量减排核算细则》为减排量数据核算核查提供了参考和操作依据。

1. 核算办法

削减量核算原则：当年住户主要污染物新增削减量，以各省污染治理设施实际削减量为依据测算。

（1）关停企业减少的COD排放量，以上年纳入环境统计数据库的企业的排放量减去其当年实际排污量所得。

（2）企业污染治理设施污染物削减量：上年度纳入环境统计的企业新建污染治理设施通过调试期后并连续稳定运行的，其去除量从通过调试期的第二个月算起，计算本年实际运行时间（停运和非正常运行时间扣除）及污染物削减量。

（3）城市污水处理厂污染物去除量：新建厂污染物去除量的核算方法与（2）同。对于现有厂增加污水处理量的，必须说明情况。增加量以新建管网的验收报告为依据，核算时间从通过验收的第二个月算起。

（4）当年新增火电 SO_2 削减量：包括当年新投运的老机组脱硫设施削减和上年投产老机组脱硫以及隔年投产脱硫机组当年多削减的量。

（5）当年新增非火电 SO_2 削减量：指连续稳定减排 SO_2 的工程措施，包括 2005 年企业的烧结机和冶炼等烟气脱硫工程脱硫、炼焦脱硫工程、煤改气工程，与国务院环境保护行政主管部门联网的循环流化床、集中供热等脱硫设施措施形成的 SO_2 削减量。企业通过技术改造、搬迁或拆除锅炉等措施减少的 SO_2 要有详细的技术资料支持。

2. 核查办法

（1）COD 削减量核查

COD 削减量核查是指对核查期内各省、自治区、直辖市新增的 COD 实际削减量的核查（督查）。核查期内新增 COD 削减量主要包括：

①城市污水处理厂新增的 COD 削减量。核查城市污水处理厂的基本情况，包括设计处理能力、处理工艺、建成投运时间等。

核查城市污水处理厂的实际处理情况，包括实际运行时间、处理水量和处理效果。需要核查的资料包括自动在线监测的进出口流量和 COD 浓度数据；各级环保部门对污水处理厂的日常监督性监测数据和监察报告；污水处理厂日常生产中进出口水量和 COD 浓度监测的有效记录，以及生产用电记录、污泥产生量记录等辅助说明材料。

对原有城市污水处理厂通过改建、扩建等增加污水处理能力和提高治理效果的，必须提供新增管网长度、扩容能力、污水回用量以及回用工程运行记录等相关文件、资料。

无上述数据和文件资料或者数据资料弄虚作假的，视为该污水处理厂不运行，不计 COD 削减量。新的核查办法对于污水厂"晒太阳"问题的解决能起到有效的推动作用。

②企事业单位工业废水治理工程新增的 COD 削减量。核实企事业单位污染治理工程的基本情况，包括设计能力、处理工艺、建成投运时间等。对于实施工艺改进、清洁生产、再生水利用的，还应当了解具体实施情况。

核查企事业单位污染治理工程实际处理情况，包括实际处理时间、处理水量和处理效果。需要核查的资料包括：自动在线监测的排放口流量和 COD 浓度数据；各级环保部门对污水处理工程的日常监督性监测数据和监察报告；企事业单位内部污水治理工程日常运行和监测的有效记录，还可参考污水治理工程用电记录等。

企事业单位实施清洁生产削减 COD 的，必须提供清洁生产核查报告、方案实施情况说明、达标排放前后情况、削减污染物排放量协议及完成情况，省级环保行政主管部门或清洁生产相关行政主管部门的评审、验收报告。

③取缔关停企业、生产线、设施新增的 COD 削减量核实取缔关停企业、生产线、设施的基本情况，包括厂址，取缔关停生产设施的规模及其主要设备名称和数量，取缔关停的时间，营业执照是否吊销等。

检查企业被取缔关停的相关资料，主要是当地政府取缔关停的文件，工商部门出具的营业执照吊销证明，供电部门下发的停电通知或出具的断电证明，环保部门现场检查取缔关停的记录、照片等。

对取缔关停企业、生产线、设施进行现场核查，检查是否拆除主要生产设备，是否断水断电，是否存有生产原料和产品等。

④因执行新的排放标准新增的 COD 削减量等。

（2）SO_2 削减量核查

SO_2 削减量核查是指对核查期内各省、自治区、直辖市新增 SO_2 削减量的核查。核查期内新增的 SO_2 削减量主要包括：

①燃煤电厂脱硫工程新增的 SO_2 削减量（包括新建机组的"三同时"脱硫设施的削减量）。

核实燃煤电厂基本情况，包括分机组投产日期、核查期实际发电（供热量）、耗煤量、脱硫工程 168 小时的移交记录、煤炭硫分、烟气排放连续监测系统运行记录情况、脱硫电价等。

核查燃煤电厂脱硫工程的实际处理情况，包括脱硫效率或 SO_2 去除效率、排放浓度、SO_2 去除量。需要核查的资料包括进出口烟气量和 SO_2 浓度自动在线监测数据。

各级环保部门对燃煤电厂脱硫工程的日常监督性监测数据和监察报告；燃煤电厂日常生产中进出口烟气量和 SO_2 浓度监测的有效记录以及生产运行记录、发电量、耗煤量、煤的平均含硫量、脱硫工艺及脱硫效率、脱硫剂的使用量、副产品产量等辅助说明材料。

②非电工业企业 SO_2 治理工程新增的 SO_2 削减量（不包括"三同时"项目的削减量）。

核实非电工业企业的基本情况，包括企业名称、设计处理能力、处理工艺、建成投运时间等。

核查非电工业企业 SO_2 废气治理工程的实际处理情况，包括实际 SO_2 削减量和 SO_2 去除率。需要核查的资料包括 SO_2 废气治理装置进出口废气量和 SO_2 浓度自动在线监控数据，各级环保部门对非电企业脱硫工程的日常监督性监测数据和监察报告，以及脱硫工程生产用电记录、副产品产量记录等。

③产业结构调整新增的 SO_2 削减量核实取缔关停企业、生产线、设施的基本情况，包括厂址、取缔关停生产设施的规模、主要设备名称和数量、关停时间、营业执照是否吊销等。

检查企业被取缔关停的相关资料，主要包括当地政府取缔关停的文件，工商部门出具的营业执照吊销证明，供电部门下发的停电通知或者出具的断电证明，环保部门现场检查取缔关停的记录等。

对取缔关停企业、生产线、设施进行现场核查，检查是否拆除主要设备、断水断电，是否存有生产原料和产品等。

3. 核查办法有效性分析

提高减排数据的质量，做好统计工作的关键就是加强数据核查，严把质量关。新的核查办法涵盖了许多在环境统计工作中行之有效的数据核查方法。

（1）经验核查法：利用日常对调查单位的掌握情况进行经验核查。统计调查要求调查单位根据各项生产经营活动和排放污染物的原始记录进行如实填报。

（2）完整性核查法：检查各核查内容及其应填报的种类是否齐全、准确。

（3）逻辑性核查法：首先检查核查指标本身的数量级、使用计量单位是否符合规定，单位换算是否正确；按照各个指标对应的平衡关系，检查指标间有无矛盾之处，检查指标间的相互联系（一致性）。

（4）计算检查法：

①实测法：是通过监测手段或国家有关部门认定的连续计量设施，测量废气、废水的流速、流量和污水及废气中污染物的浓度，用环保部门认可的测量数据来计算污染物排放总量。

②排放系数法：是指在正常技术经济和管理条件下，生产单位产品所产生或排放的污染物数量的统计平均值。利用该方法可方便地根据企业报告期内的产品产量或生产规模计算出污染物的排放量，是在没有实测数据时的一种简易的计算方法。

③物料衡算法：是根据企业能源、物料消耗进行物料衡算，是对生产过程中使用的物料情况进行定量分析的一种方法。基本原理是某一生产过程中投入和产出物质的质量守恒。

通过实测浓度、产品排放系数、物料衡算等计算核查填报污染物排放量数字是否准确。相关参数物料核算，如用煤耗与含硫率估算其 SO_2 排放量；利用监测数据核算主要污染物排放量；利用日常对调查单位的掌握情况进行经验核查。

（5）合理性核查法：通过质量守恒关系判断统计数据的合理性，即进行生产经营与排污量间的合理性核查。对污染物间排放比例是否合理、污染物排放浓度是否合理、指标是否异常等进行核查。

（6）类比法：将核查数据与政府相关部门掌握的相关数据或同类型相似企业数据进行比较，看增减变化是否符合趋势。

（7）能耗水耗核算法：结合企业对能源的消耗及用水量，核算检验污染物的排放量是否真实、准确、合理。新的科学合理的设计，能有效提高减排数据的质量，使核查方法从逻辑性、技术性、全面性、准确性、完整性等方面得到加强。抓重点行业，科学核算主要污染物排放量；以监测结果作为统计结果；以物料衡算作为辅查手段；从源头严把数据质量关，保证减排数据的真实性、完整性、科学性和可靠性。

四、三大原则的意义

在新的历史时期和新的发展形势下，中国的环境管理必须适应建立社会主义市场经济体制和转变经济增长方式的要求。国家环境保护总局总量控制与考核领导小组办公室，经过多年的环境管理实践，总结经验，通过系统、全面的科学论证，提出了环境管理的三大原则，对环境管理体系进行完善，在保护环境、协调经济与环境的关系、促进经济社会可持续发展方面发挥了关键性作用，在宏观战略制定、经济发展效率提高、政绩观改变等方面充分体现了其重要的价值。

1. 淡化了对环境基础数据的过分依赖

环境统计数据的代表性问题一直困扰着环保工作。数出多门、统计数据不准、总量家底不清，不仅影响了宏观决策，还制约了总量控制工作的推进。由于 GDP 的计算已日趋完善，数据更容易获得且权威性更高，将经济指标纳入污染物排放量的计算之中，既从宏观上表征了污染物排放量的变化度，也减少了对基础调查数据的依赖，减轻了基层环保部门对污染源进行逐个数据调查所付出的大量人力物力负担，更有效减少了调查数据误差对最终结果带来的影响，成为污染减排统计的一个新亮点。

2. "可操作的绿色 GDP"

由于有些地方政府的领导存在着错误的发展观和政绩观，因而在 GDP 与 COD 之间做选择的时候，往往都会选择前者，于是 GDP 便成了硬指标，而 COD 所代表的环境质量则被认为是软指标甚至是没指标。这种错误的发展观、政绩观也是一些地方政府包庇、纵容污染现象屡屡发生的根本原因之一。

将 GDP 引入 COD 增量计算，实现了 COD 与 GDP 的动态平衡，GDP 的上升必然会带来 COD 的上升，因此地方政府在追求经济高增长的同时，也必须更大范围地建造污水处理厂和各项先进的环保措施，更有效地促进环保先进设备和技术"物尽其用"，同时也要有效避免现有污水处理厂"晒太阳"的现象。

将 GDP 与 COD 紧密相连，政绩与减排挂钩，构建了环境保护长效机制，对地方政府对经济、环境的统筹兼顾提出了明确要求。

3. 落实环境问责制的法律法规

1989 年颁布施行的《环境保护法》规定："地方各级人民政府，应当对本辖区的环境质量负责。"在国家环境保护总局环境与经济政策研究中心就《环境保护法》实施状况进行的调查中，问卷结果显示：60% 以上的被调查者认为《环境保护法》基本不能保证地方人民政府对当地的环境质量负责。目前存在的严重资源环境问题，更加深刻地反映出"政府对环境质量负责"的责任缺失，使之成为束之高阁的法律条款。

环境质量的良好必须建立在污染总量下降的基础上，地方政府着力减少 COD 等污染物的排放量，实现了对水环境质量现状的扭转，可见，引入经济指标计算 COD 的方法，推动了政府对当地环境质量负责的相关法律的具体化，实现了法规的可操作性和可评价性。

4. 抓住了治理水污染和大气污染的主要矛盾

能源消费的加剧是全球温室气体增多的主要源头，全球温室效应的贡献因素中，有 55% 是由能源消费产生的温室气体造成的。在今后二三十年或更长时期内，煤炭仍然是我国的主要能源。煤炭的使用不但向大气中排放 SO_2，而且产生了大量的烟尘和 CO_2。氮是煤中的常量元素，煤燃烧产生的大量氮氧化物（NO_x 和 N_2O），是大气中氮氧化物的主要人为来源。

国内外研究者通过对煤中氮的赋存形态、燃烧释放机制、污染控制机制的大量深入、细致的研究发现：有效地去除 SO_2 的手段，也能对其他温室气体的去除起到积极的连带促进作用。

2003 年 7 月 1 日起实施的《排污费征收使用管理条例》规定，对氮氧化物征收排污费，征收标准与 SO_2 相同，要求新建的大型火电机组全面安装低氮燃烧器及采用分级燃烧技术，运行锅炉安装排烟脱硝装置。

在"三项原则"的指引下，实施有效措施统计、核查、监督减排 COD 和 SO_2，既抓住了短时期污染减排的主要矛盾，又随着约束性指标的实现，连带减少了其他主要污染物的排放，完善了相关的政策方法，同时也将极大地促进其他污染物减排措施的有效实施。

5. 促进经济增长方式的转变

随着工业化进程的快速发展，环境污染问题也逐渐严重，环境污染的加剧无疑会对工业增加值大打折扣。工业增加值是指工业企业在生产产品或对外提供工业性服务过程中新增加的价值，是工业企业在一定时期内以货币形式表现工业生产活动的最终成果，是工业企业全部生产活动的总成果（工业总产出）扣除了在生产过程中消耗或转换的物质产品和劳务价值后的余额。

2007 年 4 月 27 日，在钢铁工业关停和淘汰落后产能的工作会议上，国家环境保护总局局长周生贤强调："钢铁行业工业增加值占 GDP 的 3.14%，而工业废水、工业粉尘和 SO_2 的排放量则分别占全国工业污染物排放总量的 10%、15% 和 10%。"

在经济发展中，鼓励产业结构的调整，提升工业产品档次，提高经济效益。结构减排对鼓励支持经济效益好、科技含量高、环境污染少的企业发展，淘汰成本高、利润小、污染严重的企业起到了积极的推动作用。

核心：污染减排方略

污染减排方略，就是污染减排方针和策略的结合，是实施污染减排的基本路线，总的来讲就是"坚持三大原则，落实四条标准，实施九项制度"，构建完善的减排运行机制和管理体制。

一、坚持三大原则

"坚持三大原则"具体是指以"淡化基数、算清增量、核实减量"三个原则为基础进行污染排放数据的核算。"淡化基数"就是对2005年的基数不再讨论，等污染源普查完成后再确定。"算清增量"主要涉及核算新投产项目的排放量、企业产能扩张增加的排放量、治污设施运行不正常增加的排放量、监测和监察超标排放的新增排放量四个方面。"核实减量"就是将结构减排项目、工程减排项目、管理减排项目按照原则办法逐个核实减排量。

二、落实四个检验标准

"落实四个检验标准"是指污染减排成效的评价应遵循四个"是否"的标准，即：环境保护参与综合决策的机制是否建立，环境质量是否得到改善，经济发展方式是否得到转变，环境监管能力是否得到加强。

1.环境保护参与综合决策的机制是否建立

党中央、国务院把节能减排确定为"十一五"的约束性指标，不仅仅是考核各级政府完成任务的能力，更为重要的是将其作为促进经济社会发展模式转变的突破口和抓手，将污染减排作为一项综合性的社会经济活动来推进。在开展污染减排工作的过程中，必须将环境保护融入社会经济发展的战略决策当中，必须由党委、政府亲自来抓，只有真正统筹好经济增长、城镇化建设、减排工程建设以及相关的各项政策措施，才能从根本上扭转社会经济发展过度依赖资源环境的局面。

2.环境质量是否得到改善

只要污染物真正减排了，环境质量就会有所改善，污染减排是改善环境质量的重要抓手。在科学发展观以人为本理念的指导下，改善环境质量才是污染减排工作的核心目标。只有认识到这一点，才能指导不同阶段的污染减排工作，把改善环境质量的目标贯彻到多阶段的污染减排中，使各阶段的工作目标能够围绕着这一核心目标进行制定和实施，避免在推动污染减排工作中缺乏规划性和连续性，建立完善的长效保障机制，使环境质量改善的目标得以实现。

3. 经济发展方式是否得到转变

污染减排是促进环境与经济融合的有效手段。通过污染排放总量控制，约束粗放增长，推进集约发展，形成对经济增长方式和产业转型升级的"倒逼"机制。通过污染减排，有效地将环境保护与经济发展结合起来，不仅促进了环境与经济的融合，也使环保成为优化经济发展、促进结构调整的重要手段。如果一个地区依靠高污染、高能耗和资源型的产业来推动经济增长，减排任务是不可能完成的。因此，必须不断加快产业结构调整，引导落后产能退出，才能实现污染减排目标。

4. 环境监管能力是否得到加强

污染减排需要很强的监管能力，必须建立科学、一流的减排统计、监测、考核体系，不断增强环保部门的人员、设施及监测能力建设，为减排工作提供有力保障。仅依靠现有环境监管能力，是很难实现既定减排目标的，因而要进一步构建先进的监测预警体系和完备的执法监管体系。只有监测水平不断提高，才能真正获取准确的减排数据；只有执法监管能力不断加强，才能确保各项减排措施落到实处；只有环保部门的职能得到进一步强化，才能真正有效发挥污染减排的综合协调功能。

衡量污染减排成效的四个"是否"标准互为因果、相互促进，既能全面评价各级政府和部门在减排过程中采取的工作方式、方法，也能准确检验出污染减排的成效。污染减排成效衡量标准的确立不仅是为污染减排服务，还是为经济社会发展转型服务，它使得各级领导和相关工作人员能够从简单的数据核对和核算中冷静下来，认真思考污染减排的目的、目标，消除片面将其理解为上级政府考核下级政府的观点，使污染减排工作真正成为服务当地百姓、改善区域环境的一项民生行动。因此，在任何阶段都要坚定不移地以四个"是否"标准衡量减排成效，如果这四个标准没有达到，即使达到了减排指标，污染减排任务也不能算真正完成了。

三、实施九项制度

具体的制度措施是相应工作开展的重要保证和指导，在污染减排工作实践中，逐步建立了污染减排考核制度、污染减排统计制度、污染减排监测制度、污染减排核查制度、污染减排调度制度、污染减排直报制度、污染减排计划备案制度、污染减排信息公开制度、污染减排预警制度9项制度。这9项制度是污染减排工作真正得到落实的保障体系，为减排工作的推进提供了强大动力。

1. 污染物减排考核制度

国务院批转的《主要污染物总量减排考核办法》确立了污染物减排的考核制度。考核的主要内容包括减排目标完成情况、三大体系建设情况和减排政策措施落实情况三个方面。考核结果作为当地政府领导班子和领导干部综合考核评价的重要依据，实行严格的问责制和"一票否决制"。环境保护部和一些地方环保部门对未通过年度考核的部分地区和集团实施了"限批"、限期整改和追加罚金等处罚措施，在社会上引起了较大反响。

2. 污染物减排统计制度

国务院批转的《主要污染物总量减排统计办法》，是"十一五"期间进行减排统计核算的规范性文件，确立了"淡化基数、算清增量、核实减量"的三大减排统计核算原则，为真正落实各项减排措施奠定了基础。进一步健全了环境统计数据的联合会审、统一管理制度，从而能够及时了解分析环境统计信息，提高减排数据统计的科学性和准确性，为总量减排工作和宏观经济决策提供了有力支撑。

3. 污染物减排监测制度

国务院批转的《主要污染物总量减排监测办法》以准确核定污染源、主要污染物的排放总量为目标，核心是加强污染源的监测能力，特别是加强自动监测能力的建设，将污染源监督性监测和自动监测相结合，不断提升污染源的监测监管水平。减排监测制度将自动监测数据纳入作为评定减排数据的考核体系，有力地推动了自动监测系统和自动监控平台的建设。

4. 污染物减排核查制度

污染减排核查是对各省、自治区、直辖市污染减排工作的开展情况、采取的各项措施及减排计划完成情况进行核查。为加强和规范主要污染物总量减排核查制度，原国家环境保护总局制定了《"十一五"主要污染物总量减排核查办法》，对各项核查内容进行了详细规定。其主要目的就是通过核查核证相关生产情况和运行系数，保证各项减排措施真正落到实处，杜绝弄虚作假现象。

5. 污染物减排调度制度

为及时了解主要污染物排放量的变化情况，按照国务院批转的《主要污染物总量减排统计办法》的要求，环境保护部建立了污染减排调度制度，按季度和年度对主要污染物排放及污水处理厂建设、工业源治理、结构调整等各项减排措施的进展情况进行调度，为污染减排管理和决策提供支持。

6. 污染物减排直报制度

在污染减排调度制度的基础上，环境保护部建立了主要污染物总量减排数据的直报制度，开发了网上直报系统，建设了国控重点污染源监控中心并和省级环保部门直接联网，实现了省级环保部门和环境保护部减排数据、自动监测数据的快捷沟通、统一管理以及方便有效的汇总统计，有利于及时发现问题，进行科学决策。

7. 污染物减排计划备案制度

国务院批转的《主要污染物总量减排考核办法》明确要求，各省、自治区、直辖市人民政府要制订年度削减计划，并报国务院环境保护主管部门备案，由此确立了备案制度。为指导各地作好年度减排计划，环境保护部印发了《主要污染物总量减排计划编制指南》，要求把全年的减排目标、减排措施等均在计划中予以明确，并报环境保护部备案后执行。年度计划的完成情况和减排核查挂钩，确保按计划完成各项任务。

8. 污染物减排信息公开制度

在环保工作实践中，污染减排信息公开制度已初步建立起来，每年环境保护部向社会公布上年度和本年的减排考核结果，实行严格的处罚措施，在社会上引起了较大的反响；同时，向社会公布《全国投运的城镇污水处理设施和燃煤电厂脱硫设施清单》《淘汰落后产能企业名单》《国家重点监控企业名单》等重要减排工程信息，接受社会各界的监督检查。该项制度和企业绿色信贷等相关经济政策结合在一起，进一步防止了落后产能的死灰复燃。

9. 污染物减排预警制度

污染物减排预警制度就是根据减排核查结果，对减排工作进展滞后、可能完不成减排任务的地区发出预警通知，并明确各项整改措施。这项制度的执行收到了很好的效果，收到预警通知的地方都加大了对减排的重视程度，党委、政府一起抓，整改的速度空前，有效地保障了减排工作的进度。

污染减排的 9 项制度基本勾勒出我国污染减排的管理框架，为保障污染减排工作的顺利运行奠定了基础。

四、推进三大措施

第一，推进治污工程。"十一五"期间，计划新增城市污水日处理能力 4 500 万吨、再生水日利用能力 680 万吨，形成 COD 减排能力 300 万吨，加大重点工业废水治理力度，形成 COD 减排能力 100 万吨；新建燃煤电厂按要求同步建设脱硫设施，现有燃煤电厂投运脱硫机组 1.67 亿千瓦，形成减排 SO_2 590 万吨，12 家钢铁企业、14 台烧结机完成烟气脱硫治理工程，减排 SO_2 10 多万吨。这些工程项目已经在目标责任书和各个专项规划有明确时限要求。

第二，淘汰落后产能。具体包括关闭 5 000 万千瓦小火电机组、淘汰落后炼铁产能 1 亿吨和落后炼钢产能 5 500 万吨、淘汰炭化室高度小于4.3 米以下小机焦 1 亿吨、淘汰 2.5 亿吨的普通立窑和小机立窑等，可减排 SO_2 约 240 万吨；关闭造纸行业年产 3.4 万吨以下的草浆生产装置和年产1.7 万吨以下的化学制浆生产线以及排放不达标的 1 万吨以下的再生纸厂、淘汰年产 3 万吨以下味精生产企业 20 万吨落后生产能力、淘汰落后酒精生产工艺及酒精 3 万吨以下落后产能 160 万吨和关停未通过环保达标公告的柠檬酸生产企业 8 万吨的落后产能，减排 COD 138 万吨。淘汰落后产能的名单和时限陆续公布，强有力地推进了污染减排工作的开展。

第三，加强监督管理。强化污染源达标排放，加强企业环境管理，提高重点污染行业排放标准，重点加强对几千家国控重点污染源的监管，将国控重点企业的排放达标率提高到 90% 以上。加强监督管理出减排效益，以流化床为例，全国有 2 000 多台循环流化床脱硫锅炉，其中大多数未能在 SO_2 的减排中发挥实质性作用，如果全部安装在线自动监控装置，只要监管到位、达到设计脱硫目标，减排 60 万吨 SO_2 是没有问题的。COD 的减排也是同样的道理，国家环境保护总局对 110 家企业（其中吉林省 32 家，黑龙江省 50 家）进行现场采样抽样，经检查，这些企业中有 66 家超标排放，占了被检企业的 69%。按省市划分来看，吉林省有 80% 的企业超标排放，黑龙江超标排放的企业比例更大，达到了 88%。由此可见，如果监管到位，切实开展减排工作，增加 40 万吨 COD 减排量是有把握的。

如果这三项措施能够全部落实到位，完成 SO_2 和 COD 的减排任务是非常有希望的，但同时，我们也要注意到，这些减排任务的提出是有前提条件的：首先，"GDP 年均增长率控制在 10% 以内"，2006 年、2007 年我国 GDP 的增长率分别为 11.6%、11.9%，都超过了 10%，更远远超过 2005 年《国民经济和社会发展第十一个五年规划纲要》提出的年均 7.5% 的目标。因而针对各地的不同情况，可以对这三项措施作出相应的调整，因地制宜，以应对 GDP 的高速增长；其次，单位 GDP 能耗必须完成下降 20% 的任务，到 2010 年煤炭消费总量控制在 28 亿吨；最后，新建项目必须严格按照"三同时"制度展开。

五、建立三大体系

污染物总量减排统计、监测和考核"三大体系"建设是确保总量减排科学性和准确性的关键，是污染减排的重要基础，污染减排"三大体系"务必达到国际一流水平。中央财政设立了专项资金用于支持减排"三大体系"建设，"十一五"期间累计投入 100 多亿元。

从"三大体系"的内涵来看，"科学的污染减排统计体系"是指为了顺利完成主要污染物减排任务，而建立的一套科学的、系统的、符合国情的主要污染物排放总量统计分析、数据核定、信息传输体系。其显著标志是"方法科学、交叉印证、数据准确、可比性强"，能够做到及时、准确、全面反映主要污染物排放状况和变化趋势。

"准确的减排监测体系"是指为了顺利完成主要污染物减排任务，而建立的一套污染源监督性监测和重点污染源自动在线监测相结合的环境监测体系。其显著标志是"装备先进、标准规范、手段多样、运转高效"，能够及时跟踪各地区和重点企业主要污染物排放变化情况。

"严格的减排考核体系"是指为了顺利完成主要污染物减排任务，而建立的一套严格的、操作性强的、符合实际的污染减排成效考核和责任追究体系。其显著标志是"权责明确、监督有力、程序适当、奖罚分明"，能够做到让那些不重视污染减排工作的责任人付出应有的代价。

建立国际一流的污染减排"三大体系"，就是要建立一套顺应世界潮流、符合中国国情、具有时代特色的管理体系、标准体系、科技支撑体系，建设一支"思想过硬、业务精通、爱岗敬业、勇于创新"的人才队伍，创造一个装备先进、运转高效、满足实际需要的硬件基础条件，动态掌握各地区和各行业污染排放情况，切实在污染减排工作中发挥效益。

为了加快"三大体系"的建设步伐，国务院批转了《主要污染物总量减排统计办法》《主要污染物总量减排监测办法》和《主要污染物总量减排考核办法》，并明确要求对"三大体系"建设情况进行考核，严格执行问责制，强化政府责任。具体来看，这三个办法包括以下内容：

（1）《主要污染物总量减排统计办法》确立了"十一五"减排核算的统计方法。主要内容包括：从改进统计方法、完善统计制度着手，规范了重点污染源排污数据的统一采集、统一核定、统一公布，为逐步形成科学的环境统计体系，增强统计数据的准确性、时效性奠定基础；界定了"十一五"环境统计的范围，基于工业源和生活源污染物的排放总量，核定 SO_2 和 COD 排放量，并要求建立排污总量控制台账，及时掌握新老污染增减动态变化情况，为采取针对性的措施奠定了基础。

（2）《主要污染物总量减排监测办法》对"十一五"期间减排监测提出了全面的要求，确保将直接为减排服务的各项监测任务落到实处。主要内容包括：明确了 COD 和 SO_2 监测技术采用自动监测技术和污染源监督性监测技术相结合的方式；国家、省（自治区、直辖市）、市（地）、县（市）分级确定各自控制的重点污染源，每年动态调整，并向社会公布名单；所有国控重点污染源必须在 2008 年底前安装自动监测设备，并和省级政府环境保护主管部门联网；加快各级环保部门污染源监测现场采样、测试能力和监控中心建设，提升环保部门监督性监测和自动在线监测数据传输能力。

（3）《主要污染物总量减排考核办法》把强化政府责任作为完成污染减排目标的关键环节，明确了各项奖惩措施。主要内容包括：对考核超额完成的地区和企业， 优先加大对其污染治理和环保能力建设的支持力度；对考核结果未完成的，暂停审批该地区或企业集团新增主要污染物排放量的建设项目，减少或停止安排中央财政资金，取消国家授予的环境保护或环境治理方面的荣誉称号； 将考核结果作为领导干部政绩考核的重要依据，实行问责制和"一票否决制"；严格数据公布制度，坚持每半年公布一次主要污染物的排放情况，接受社会监督，未经国家核准，各地不得自行公布污染减排数据。

六、把握三大环节

"计划备案、阶段核查、督察预警"三大环节是保障污染减排各项政策措施落到实处，确保减排工作顺利推进的重大举措。

一是要抓好计划备案工作。国务院发布的《节能减排综合性工作方案》明确要求各地区要制定减排年度计划和具体实施方案。为指导各地区作好年度减排计划和实施方案， 环境保护部印发了《主要污染物总量减排计划编制指南》， 明确要求减排计划不仅仅是把 COD 和 SO_2 的新增量、存量和减排量三者关系搞清楚，把各项措施提出来，同时，也是一个综合性的减排工作方案，包括保障措施如何细化落实、资金如何保障等多方面的内容，强调减排计划的可达性， 确保各项减排任务能够顺利完成。

二是做好阶段核查工作。有了科学明确的减排计划和实施方案，就必须通过阶段核查，及时掌握减排工作的进展情况和减排措施落实情况，科学预判减排目标完成情况,为减排目标的顺利实现奠定基础。环境保护部制定的《"十一五"主要污染物总量减排核查办法》对核查任务和内容作出了明确规定。减排核查包括日常督查和定期核查,由环境保护部各督查中心,在环境保护部的统一部署下,具体负责实施核查。日常督查由各督查中心不定期进行,上下半年至少各进行一次;定期核查分为半年核查和年度核查,核查结果作为考核减排工作的依据。

三是及时督察预警。根据核查结果,对于减排工作进展滞后、存在突出问题的地区和企业集团,必须抓好核查以后的督促和整改。核查结束后,有关情况将及时反馈给各有关地区和企业集团,存在问题的,将进行通报和预警。对于整改不到位或因工作不力造成重大社会影响的,监察部门将按照《环境保护违法违纪行为处分暂行规定》追究该地区有关责任人员的责任。

"计划备案、阶段核查、督察预警"三大环节环环相扣,是落实"三大体系"建设,确保"十一五"减排目标实现的关键。

动力：污染减排保障措施

一、加强组织领导

2007 年 4 月 27 日，全国节能减排电视电话会议召开，会议上温家宝总理发表了重要讲话，并且进行了全国动员部署。随后，国务院成立了以温家宝总理为组长的节能减排工作领导小组，并明确有关污染减排的工作由国家环境保护总局承担。为此，国家环境保护总局成立了由局长任组长的污染物减排工作领导小组，设立了减排管理的专门机构——总量控制办公室，并在 2008 年的机构调整中升格为环境保护部污染物排放总量控制司。

地方各级政府按照要求，也相继成立了由省政府主要领导负责的节能减排工作领导小组和办公室，配备专职人员从事减排管理。各市县也成立以政府主要领导为组长的节能减排领导小组。在新一轮环保机构改革中，绝大多数省级环保机构均设立了污染物排放总量控制处，强化了减排管理职能。从国家到地方，污染减排管理机构已基本建成。

国务院节能减排工作领导小组也曾多次召开会议，及时协调解决工作中的重大问题。印发了《节能减排综合性工作方案》，全面部署了"十一五"期间的节能减排工作。各地区、各部门也根据节能减排工作会议精神和《节能减排综合性工作方案》，均制定了本地区、本部门节能减排工作方案或实施意见。经过几年的工作，绝大部分地方党委、政府深化了对节能减排工作的认识，采取了一系列具体的对策措施，节能减排从认识到实践都发生了重要转变，初步形成了激励与约束并举、引导与推动同步的工作局面。

二、着力抓好制度建设

污染减排必须改变以往保障措施单一的状况，改变以往环境政策实施难以保障的困境，避免减排措施流于形式而无法发挥其应有效果。因此，建立使其顺利实施的运行机制和保障制度是开展污染减排工作的必要举措。以确保完成"十一五"减排目标为中心任务，确保各项工作落到实处，我国已初步建立了一套比较规范的减排制度体系。

2006 年 8 月 5 日，国务院批复了《"十一五"期间全国主要污染物排放总量控制计划》，明确了各省（市、区）的总量控制目标。2007 年 8 月 16 日，《污染减排核查办法》的正式颁布与实施，标志着总量减排工作向规范化、制度化迈出了一大步。2007 年 11 月 17 日国务院批转《节能减排统计、监测及考核实施方案和办法》，开辟具有历史意义的环境保护新战线。2008 年，《关于公布全国城镇污水处理设施和燃煤电厂脱硫设施的公告》（环境保护部公告 2008 年第 1 号）发布，从不同角度推动污染减排工作的进行。

在污染减排工作实践中，通过全面落实上述的计划和办法，我国逐步建立了污染减排考核制度、污染减排统计制度、污染减排监测制度、污染减排核查制度、 污染减排调度制度、污染减排直报制度、污染减排计划备案制度、污染减排信息公开制度、污染减排预警制度 9 项配套制度，形成了比较系统的减排管理体系。

三、完善环境经济政策体系

为推进节能减排工作的实施，国家在财政、价格、金融、税收和贸易等保障政策实施的制定和实施方面也采取了一定措施。"三河三湖"（淮河、海河、 辽河、太湖、巢湖、滇池）规划投入治污资金 2 000 多亿元，制定并实施了《燃煤发电机组脱硫设施运行及电价管理办法》《中央财政主要污染物减排专项资金管理暂行办法》和《城镇污水处理设施配套管网以奖代补资金管理暂行办法》等环境经济政策，有力地保障了减排投入。

在节能减排过程中，除了加强自身工作，环保部还注重同其他部门的配合。 实施了抑制高耗能、高污染产品生产和出口的信贷、证券、贸易政策，配合发展改革委下达了水泥、电石、铁合金、钢铁、电解铝、造纸、酒精等行业淘汰落后产能的计划，建立了淘汰落后产能企业名单公告制度；配合财政部制定了环境保护、节能减排项目企业所得税优惠目录，对纳入目录的环保项目给予企业所得税前三年免征、后三年减半优惠政策；组织制定并向经济部门提供了 290 余种"高污染、高环境风险"产品目录，成为国家调整出口退税、加工贸易政策的环保依据。

另外，环保部还启动了太湖流域、天津市等流域区域排污权有偿使用和交易试点工作，利用市场机制激励企业减排。提高了排污费、污水处理费征收标准及重点行业污染物排放标准，修订了制浆造纸等 10 多项国家污染物排放标准，进一步严格污染物排放要求。

一些地方和企业集团结合自己的实际情况，制定出台了具有地方或行业特色的减排激励政策、措施，有利于进一步确立减排的行业标准和规范。不断完善的环境经济政策有力地促进了减排工作开展，并推动了污染减排长效机制的建立。

四、严格环境准入

为了有力地促进减排工作的开展，环保部严格执行产业政策和总量控制制度，从严控制"两高"行业新建项目，提高电力、钢铁、石化等 13 个高污染、高排放行业建设项目的环境准入条件。

环保部坚持"以新代老"、"上大压小"，严把高耗能、高污染项目环评审批关口，即使是在面对国际金融危机，保增长、扩内需任务艰巨的大背景下，也绝不放松环评要求。严格企业上市环保核查，2007 年否决或暂缓 10 家企业 84 亿元上市申请。

根据《主要污染物总量减排统计监测考核办法》的规定，对在减排工作中存在突出问题的部分地市、电力集团采取了"区域限批"和责令限期整改措施。这一政策措施已经上升为有关法律条款，《规划环境影响评价条例》明确了对主要污染物超总量排放施行"区域限批"的处罚规定。

五、加强能力建设

加强能力建设主要从两方面开展。一方面，加强"财力"，扩大财政支出，设立环保专项资金；另一方面，强"人力"，加大培训力度，培养环保骨干。

2007 年中央财政设立了污染减排专项资金，"十一五"期间累计下达 100 多亿元资金，"财力"建设进展顺利。有了财政的大力支持，国家环境信息与统计能力建设项目全面启动，污染源监督性监测项目继续实施。全国建成 343 个省、市级污染源监控中心，对约 15 000 家国控重点源实现了自动在线监控，全部火电脱硫机组和 85% 以上的城镇污水处理厂实现了在线监测，并与环保部门联网，配备监测执法设备 10 万多台（套），环境监测、在线监控、执法监察能力显著增强。同时，中央财政每年对国控重点源监测补助运行费约 4 亿元，有效解决了运行困难问题。各级财政也加大了对环境监管能力建设的投入。

"人力"建设方面，自 2007 年以来，环保部多次组织大规模的减排业务培训，累计培训近万人，通过大规模的业务培训，各级环保部门和六大环境保护督查中心涌现了一大批能力强、业务精、吃苦耐劳的污染减排管理和现场核查的骨干力量。这支队伍，是环境管理由定性向定量转变、由粗放向精细转变的坚实践行者，在减排工作实践中得到了锻炼，能力不断提升。

六、强化组织协调，推进工程减排

在各地区、各部门和重点企业的共同努力下，全国工程减排工作取得重要成果。"十一五"期间，累计新增城市污水日处理能力超过 6 000 万米^3，到"十一五"末，全国城市污水日处理能力达到 1.25 亿米^3，城市污水处理率由 2005 年的 52% 提高到 75% 以上，3 000 多家重点工业企业新建了废水深度治理设施；"十一五"累计建成运行 5.32 亿千瓦燃煤电厂脱硫设施，到"十一五"末，全国火电脱硫机组装机容量达到 5.78 亿千瓦，比例从 2005 年的 12% 提高到 82.6%；钢铁烧结机烟气脱硫设施累计建成运行 170 台，占烧结机台数的比例由 2005 年的 0 提高到 2010 年的 15.6%。

七、加强环境执法，狠抓结构减排

环境执法力度的加强，推动了结构减排工作的开展。"十一五"期间，累计关停小火电机组 7 210 万千瓦，提前一年半完成关闭 5 000 万千瓦的任务；钢铁、水泥、焦化及造纸、酒精、味精、柠檬酸等高耗能、高排放行业淘汰落后产能均超额完成任务。2010 年，电力行业 30 万千瓦以上火电机组占火电装机容量比重从 2005 年的 47% 提高到 70% 以上，火电供电煤耗下降 9.5%，造纸行业单位产品 COD 排污负荷下降 45%。

八、突出重点，加强管理减排

在加强工程减排、结构减排的同时，各职能部门对环境的监管任务仍然任重道远。经过大量细致认真的工作，国控重点污染源自动监控能力建设项目取得了阶段性成果，环保部污染源监控中心已经投入试运行，全国已建成 343 个省级、地市级监控中心，实现了对 85% 的国控重点污染企业的自动监控；多个省份开展节能减排发电调度，南方电网公司全部实行节能减排发电调度，所有燃煤脱硫机组实行投运率考核并扣减脱硫电价，投运率由 2005 年的不足 60% 提高到 2010 年的 95% 以上。国控重点污染源 SO_2 达标率为 92%，COD 达标率为 94%，与 2005 年相比分别提高 22 个和 34 个百分点。

临危：金融危机应对之策

一、金融危机对污染减排工作既是机遇又是挑战

2008 年，金融海啸席卷全球，在对各国经济造成严重影响的同时，也为我国环保课题提出了新的要求。金融危机既对我们的环保工作带来了挑战，也为加大节能减排、加强综合治污力度提供了难得的机遇。

（一）机遇

在金融危机的冲击下，很多生产企业被迫停产或关闭，一定程度上减少了污染排放的总量。总体来看，这是一个难得的产业结构调整的机遇，可以集中淘汰一批高耗能、高污染的产业。更重要的是，国家在扩大内需的经济刺激计划中，有相当一部分投资是投向环境治理和环保能力建设的，可以借国家扩大内需之机，集中建设一批环境基础设施，使其进一步削减污染物排放总量，推动地方环保上一个新台阶，从量和质两方面提升环境质量，推动我国的环境保护工作取得新成效。

（二）挑战

在迎来机遇的同时，金融海啸为环保工作带来的潜在挑战也是不容忽视的。在应对金融危机的过程中，如果不能放眼全局、整体规划，将资金再次投入到高污染、高耗能的产业中，一味强调快速增长而忽视"好"字

当头，就可能导致新的经济增长与此前提倡的抑制高污染、高耗能产业发展的思路相违背，致使产业结构出现"逆向调整"，这势必会对我国经济增长的长期目标产生不利影响。因此坚持优化投资结构，警惕产业结构的逆向调整是我们在危机挑战下必须要坚持和完善的。

金融危机下，投资拉动也可能产生不利的影响，污染减排工作还会面临以下两方面的压力：一是环保准入的压力。有些地方可能会为保持经济的增长而放宽了环保标准；二是污染减排反弹压力大。市场需求的减弱导致企业经营的困难，企业会千方百计地降低成本，而环境成本首当其冲。

二、污染物减排：目标不变、标准不降、力度不减

既要把应对金融危机作为调整经济结构、转变发展方式的机遇，又要当成推进环境保护事业的机遇，保持经济增长绝不能以牺牲环境为代价。

—— 温家宝

在新的形势下，我们将把扩大内需、改善民生、加大生态环境建设力度有机结合起来，把环境保护放在突出的战略位置，把节能减排作为扩大内需的重要方面，抓住机遇，应对挑战，在新的起点上形成新的发展机制。

这既有利于拉动中国经济增长，又有利于解决目前面临的突出问题，从而推进全面协调可持续发展。

—— 李克强

2009 年着力优化经济结构和提高经济增长质量，切实加强节能减排和生态环境保护，更加重视改善民生和促进社会和谐，推动国民经济又好又快发展。

—— 中央经济工作会议

2009 年要毫不松懈地加强节能减排和生态环保工作。健全节能环保各项政策，按照节能减排指标体系、考核体系、监测体系，狠抓落实。

—— 政府工作报告

危机之下勇扛大旗

　　为积极应对金融危机，国家提出"保增长、扩内需、调结构"的具体举措（在 4 万亿元的扩内需投资中，有 3 500 亿元用于环境保护）。其中，"调结构"就是要淘汰落后的生产能力和高污染、高能耗的工艺。这种淘汰符合环境保护要求，而且中央把这次金融危机带来的影响看作是调结构的机遇，因此我们要充分利用好这个机遇。党中央、国务院进一步要求，在国际金融危机的严峻挑战下，促进经济增长的同时，节能减排丝毫不能动摇，要继续坚持"目标不变、标准不降、力度不减"，实现经济与环境的"双赢"。

　　2008 年，中国单位 GDP 能耗比上年下降 4.59%，COD、SO_2 排放量分别减少 4.42% 和 5.95%。这些数字表明，中国能耗降幅呈现逐年加大的良好势头，主要污染物减排也取得重要进展，节能减排工作正扎实推进。根据国务院确定的约束性指标，"十一五"期间单位 GDP 能耗降幅要达到 20% 左右。自 2006 年推行节能减排以来，中国年度单位 GDP 能耗降幅逐年加大，3 年累计下降 10.08%。从主要污染物减排情况看，2007 年 SO_2 和 COD 排放首次出现"双下降"。2008 年两项指标继续"双下降"，而且降幅比上年明显加深。3 年累计分别减少 6.61% 和 8.95%。

2008 年，各级政府继续加大节能减排力度。仅一年时间，工业大省广东就淘汰落后水泥产能 2 500 万吨、关停和淘汰落后钢铁产能 550 万吨、关停小火电机组 531 万千瓦，创下了历史纪录。

然而从长期来看，中国能源消费仍将稳步上升；短期来看扩内需过程中高耗能、高排放行业仍将保持一定的增长刚性，加上节能准入和落后产能退出机制尚未完全建立，完成"十一五"节能减排任务仍相当艰巨，2009 年也就成为了完成"十一五"减排任务的冲刺年。

经过 2009 年的"冲刺"之后，在"十一五"的决战之年，2010 年的节能减排成果值得期待。2007 年，国务院印发发改委会同有关部门制定的《节能减排综合性工作方案》（以下简称《方案》），其中明确了 2010 年中国实现节能减排的目标任务和总体要求，到 2010 年，中国万元 GDP 能耗将由 2005 年的 1.22 吨标准煤下降到 1 吨标准煤以下，降低 20% 左右；单位工业增加值用水量降低 30%。"十一五"期间，中国主要污染物排放总量减少 10%，到 2010 年，SO_2 排放量由 2005 年的 2 549 万吨减少到 2 295 万吨，COD 由 1 414 万吨减少到 1 273 万吨；全国设市城市污水处理率不低于 70%，工业固体废物综合利用率达到 60% 以上。

三、金融危机中的污染减排对策

应对金融危机的挑战，污染减排工作要坚持"目标不变、标准不降、力度不减"的三大原则。在环保实践中，从以下几方面具体开展：

1. 强化减排目标责任制

明确减排的目标和责任是推动节能减排工作的首要任务。在实践工作中要权责分明，要严格整改 2007 年度考核中存在问题的地方和企业并且公开发布 2008 年各省级主要污染物排放量指标。同时，指导各地编制 2009 年污染减排计划并监督实施，逐项检查落实《方案》，落实严格的问责制和"一票否决制"。对于运行不正常的减排工程设施名单将进行公开通报；严格按照《主要污染物总量减排考核办法》开展中期考核；对未实现年度减排目标或未完成工程任务的地方或企业采取"区域限批"、停止安排中央环保补助等措施进行处罚，始终把强化政府责任作为实现污染减排目标的关键环节。

三把大刀斩污排

2. 加快推进工程减排

减排工程是切实减少污染物的重要保障。减排工程将以火电、造纸等行业为主攻方向，加快企业减排设施建设。为完成"十一五"环保任务，要通过各项举措确保新增城镇污水日处理能力 4 500 万吨、再生水日利用能力 680 万吨，削减 COD 300 万吨。"十一五"期间投运脱硫机组 3.55 亿千瓦，形成 SO_2 削减能力 590 万吨。2009 年新增燃煤电厂脱硫装机容量 5 000 万千瓦以上，新增 20 台套钢铁烧结机烟气脱硫设施；SO_2 和 COD 排放量分别比 2008 年下降 2% 和 3% 以上，比 2005 年下降 9% 和 8%；年内投入国债和中央预算内资金 148 亿元，中央财政资金 270 亿元，用于支持十大节能减排工程建设。

3. 加快推进结构减排

结构调整是缓解结构性污染和完成减排任务的主要措施。在结构调整的过程中，要加大力度督促执行国家产业政策和年度落后产能淘汰计划。具体措施方面，将建立淘汰落后产能企业名单公告制度，接受社会监督，运用各方面力量优化产业结构，推进结构减排。2009 年要分别淘汰炼铁、炼钢、造纸、电力落后产能 1 000 万吨、600 万吨、50 万吨和 1 500 万千瓦。

4. 加快推进管理减排

要对节能减排过程实现高效科学的管理，制定并严格执行相关的法律法规政策是非常重要的。制定《重要污染治理设施运行监督管理办法》是推动节能减排不可缺少的重要措施。出台《污染治理设施运行管理办法》，治污工程的稳定

运行对巩固减排成果至关重要。加强管理减排可从以下几方面具体开展：加大监管减排力度，加快推进燃煤电厂、污水处理厂及其他重点污染源在线监测系统联网工作；狠抓已投运的 3 亿多千瓦燃煤电厂脱硫机组运行，公告燃煤机组脱硫设施投运率、脱硫效率及排污费征收情况；狠抓 1 300多座污水处理厂运行，环境监察机构及督查中心集中开展污水处理厂和脱硫电厂专项检查；狠抓 6 000 多套国控重点源在线监测系统。

5. 提高减排保障水平

健全的经济政策是实现污染减排目标的重要保障。在加大环保力度的同时，要继续推进排污权交易和生态补偿试点工作，提高重点行业污染排放标准和城市污水、垃圾处理收费标准；组织开展减排关键技术攻关，开展氮氧化物、总氮等污染减排前期研究；完善环境经济政策，提高排污费、污水和垃圾处理费；制定高污染产品目录，为出台出口退税政策提供依据；同时中央环境资金有计划地向重点流域、区域和西部的减排工程倾斜；建立健全绿色信贷、污染责任保险试点，为污染减排奠定良好的物质基础。

6. 加快"三大体系"建设

"三大体系"建设是完成"十一五"减排工作的重要基石。在整体建设过程中通过出台《环境统计审核办法》，加大环境数据审核力度，加快推广减排技术；开展减排国际合作，引进国外总量控制及减排先进经验；结合减排实际进展，适时修订减排核查核算规定；积极开展氨氮、氮氧化

物等指标的前期研究，为"十二五"总量控制工作奠定坚实基础。持续推进污染减排制度创新与体制创新，认真落实污染减排"三个办法"是完成"十一五"减排任务的有力的制度保证。

捷报：污染减排初见成效

随着相关管理制度和检验标准的出台，自 2006 年起，我国的污染减排工作取得了很大进展，环境污染问题得到了初步控制，全社会的环保意识也大幅度提升。污染防治逐步由被动应对转向主动防控，环保工作站在了一个新的历史起点上，迈出了坚实的步伐。具体来说，减排工作已取得以下成效：

一、降低了主要污染物排放总量，"十一五"目标提前完成

"十一五"期间，在经济快速增长、能源消耗不断增大的整体情况下，污染减排工作不断推进，取得了一定成效，SO_2 和 COD 等主要污染物排放量逐年递减。

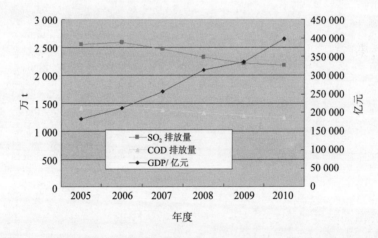

图 2-8　2005—2010 年全国 GDP 增长量、SO_2 排放量、COD 排放量对比图

如图 2-8 所示，2006 年，虽然全国 COD 和 SO_2 排放总量分别较 2005 年上升 1% 和 1.5%，但增长幅度分别回落了 4.6 个和 11.6 个百分点，初步遏制了多年来快速增长的趋势。2007 年同比又分别下降 3.2% 和 4.7%，在经济超预期高速增长的情况下，两项污染物排放总量开始出现"拐点"，首次实现了"双下降"。2008 年两项指标继续呈现较大幅度下降，同比分

别下降 4.42% 和 5.95%， 污染减排工作取得了突破性进展。2009 年全国 COD 和 SO_2 排放量继续保持"双下降"态势，同比分别下降 3.27% 和 4.60%，分别比 2005 年下降 9.66% 和 13.14%，SO_2 减排进度已超过"十一五"减排目标要求。在全国 SO_2 减排任务提前一年完成、COD 减排任务提前半年完成的情况下，2010 年两项指标又进一步下降。2010 年，全国 COD 排放总量 1 238.1 万吨，比 2009 年下降 3.09%；SO_2 排放总量 2 185.1 万吨，比 2009 年下降 1.32%。与 2005 年相比，COD 和 SO_2 排放总量分别下降 12.45% 和 14.29%，均超额完成 10% 的减排任务。

在我国经济快速增长、能源消耗加速、重工业化总体提前完成"十一五"规划目标的情况下，主要污染物排放总量实现了持续下降。这不仅标志着我国环境保护工作取得了突破性进展，也说明了我国环境保护工作无论在意识上还是在实践上都取得了历史性转变。

二、遏制了环境质量不断恶化的势头，环境污染得到初步控制

污染减排工作的开展，有效遏制了我国 COD 和 SO_2 排放量长期增长的势头，全国部分环境质量指标也随之持续改善。2010 年，全国地表水国控断面高锰酸盐指数平均浓度 4.9 毫克 / 升，比 2005 年下降 31.9%，七大水系国控断面好于Ⅲ类水质的比例由 2005 年的 41% 提高到 59.6%；环保重点城市空气 SO_2 年平均浓度降至 0.042 毫克 / 米 ^{3}，比 2005 年下降 26.3%，地级以上城市达到或优于空气质量二级标准的比例明显提升，达到 83.9%。

我国的污染减排工作得到了其他国家的密切关注。美国一知名机构通过对全球卫星观测数据的分析认为，2007 年以来，中国大气中 SO_2 浓度开始下降，2008 年奥运会期间北京地区大气中主要污染物浓度显著降低，奥运会后也继续保持下降趋势。在事实面前，西方国家也不得不承认中国减排取得的成效。

三、推动了产业结构调整升级，经济增长方式进一步转变

污染减排相关措施的大力推行极大地推动了产业结构升级，"十一五"

期间，累计关停小火电机组 7 210 万千瓦，提前一年半完成关闭 5 000 万千瓦的任务；钢铁、水泥、焦化及造纸、酒精、味精、柠檬酸等高耗能、高排放行业淘汰落后产能均超额完成任务。2010 年，电力行业 30 万千瓦以上火电机组占火电装机容量比重从 2005 年的 47% 提高到 70% 以上，火电供电煤耗下降 9.5%，造纸行业单位产品 COD 排污负荷下降 45%。经济增长方式进一步由粗放型向集约型、由不可持续向可持续转变。

四、促进了环境基础设施建设，环保监管能力显著提高

"十一五"期间，我国累计投入环保基础能力建设资金 100 多亿元。如图 2-9、图 2-10 所示，累计建成运行 5.78 亿千瓦装机容量的燃煤电厂脱硫设施，使我国火电脱硫机组比例从 2005 年的不足 12%，提高到目前约 82.6%；累计建成各类城镇污水处理厂 1 000 多座，新增污水处理能力超过 6 000 万吨 / 日，全国城市污水日处理能力达到 1.25 亿米 ^{3}，污水处理率由 2005 年的 52% 提高到 75% 以上。

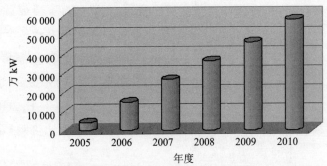

图 2-9　2005—2010 年全国脱硫燃煤发电机组装机总量对比

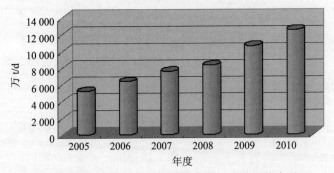

图 2-10　2005—2010 年全国城市生活污水处理能力对比

在强大的环保压力之下，一些多年来难以建成的污水处理厂由于减排"倒逼"机制而迅速建成运行；3 000 多家重点排污企业建成深度治理设施。随着大批的环保基础设施建设完善，我国工业污染治理水平也有了极大的提升。同时，环保部门的监管能力也在实践过程中不断提高，初步建成了较为配套的环保执法监察体系，提高了重点污染源在线监测监控能力，颁布了具体工作中的相关制度措施，建设了一支业务水平强、执法能力高的环保骨干队伍，为环保工作的进一步开展奠定了坚实基础。

五、提升了全社会的环保意识，节能减排工作深入人心

随着各项具体措施的实施，节能减排已广泛深入到社会各个方面。促进减排、保护环境不仅仅是环保部门的任务，也是经济发展的任务，更是全社会共同承担的责任。人们的生活方式和思维理念也深受影响，节约资源、垃圾分类、低碳生活的观点深入人心。减排工作的广泛开展使得"环保"日益成为一种社会理念、生活方式和经济发展模式，推动了社会各界积极参与资源节约型、环境友好型社会建设，提升了全社会的环保意识。

第三篇

> >> 环保之路上下求索

第三篇
环保之路上下求索

污染减排形势逼人

虽然经过"十一五"期间的艰苦努力，污染减排工作已取得了阶段性成果，但是，我国环境总体恶化的趋势尚未根本扭转，污染防治工作压力仍然巨大，很多管理制度和管理模式已不能完全适应形势需要。党的十八大提出了 2020 年实现 GDP 和城乡人均收入比 2010 年翻一番的目标，还把推动城镇化作为保持我国经济社会发展的重要引擎，打造中国经济的升级版。我们必须要充分认识新国情，清醒地认识到污染减排形势依然严峻，未完成的任务依然艰巨。我国经济发展方式虽不断转变，但整体模式仍较粗放，一些地方"两高一资"产业结构仍未改变，污染减排压力依然很大，主要表现在：

一、经济增长方式仍然粗放

改革开放以来，中国 GDP 保持了年均 9.7% 的高速增长，2012 年达到 51.9 万亿元，约合 8.2 万亿美元，相当于美国同期 GDP 的 52.3%。人均 GDP 达到 3.8 万元，约合 6 100 美元，分别相当于高收入国家门槛线的 48% 和美国同期人均 GDP 的 12.5%[①]。我国经济总量虽已跃居世界第二，但是多年来我国能源效率长期维持在较低水平，2011 年我国 GDP 占全球

①《2012 年国民经济和社会发展统计公报》，世界银行世界发展指数数据。

的 10.48%，却消耗了世界近 60% 的水泥、49% 的钢铁和 20.3% 的能源。长期以来，"GDP 至上"的理念导致粗放型的经济发展方式难以根本扭转，经济增长的资源环境代价过大，单位工业产品的污染物排放量是发达国家的数倍。我国处于全球产业链的低端，资源能源高消耗型、污染密集型产品占对外贸易的比重过高，主要污染物排放量的 20% ～ 30% 由出口产品贡献，进一步加剧了我国资源环境的压力。

改革开放的头 20 年，我国能源消费总量消费翻番，GDP 翻两番；21 世纪头十年，能源消费总量翻番，GDP 增加 1.4 倍。假使我国能源消费增长态势不变，为了实现 GDP 和城乡人均收入的目标，我国的能源消费总量将达到 55 亿吨标准煤左右；而由于我国现在的城镇化刚超过 50%，发达国家的城镇化率则一般是 75% ～ 80%，假使依照人均能源消费 3.8 吨标准煤作为城镇化标准的话，我国能源消费总量到 2020 年也要到 53 亿吨标准煤。2012 年，我国石油的对外依存度已经超过了 58%，不出意外，2015 年将超过 65%，2020 年则会超过 70%。未来 40 年，我国的煤炭消费总量在 1 600 亿～ 2 000 亿吨，按照 2011 年的煤炭开发利用水平，会破坏地下水资源 5 000 亿吨，造成土地塌陷 40 000 平方公里，排放 40 亿吨 SO_2，11 亿吨氮氧化合物，4 000 亿吨二氧化碳，以及 400 亿吨的废渣。

2008 年底，我国第一、第二、第三产业比重分别为 10.3%、48.6% 和 40.1%，第二产业依然是我国经济发展的主导力量，其比重不仅远高于西方发达国家 20% ～ 30% 的水平，而且明显高于中等发达国家的平均水平，甚至比印度还高了约 10 个百分点。在第二产业内部，重化产业比重约为 60%，占据主要地位，并且一直保持较快的增长势头。2008 年底全国火力装机容量达到 6 亿千瓦、粗钢产能达到 6.6 亿吨、造纸纸浆产能达到 7 000 万吨，均超过"十一五"规划预期。

2009 年以来，由于受到金融危机的影响，我国重化工业总体增速有所放缓，但反弹压力正在逐步加大。由于我国经济长期以来主要依赖投资拉动，而钢铁、水泥等高耗能产业中重复建设、产能过剩的问题十分突出，环境所承受的压力自然不可避免地加大。"十二五"污染减排工作的成果很大程度上将取决于产业结构调整和落后产能淘汰力度，经济结构进一步由粗放型向集约型转变势在必行。

二、城镇化和工业现代化水平提高，资源环境承载力有限的基本国情难以根本改变

"十一五"期间，国民经济实现高速发展，城镇化水平也以每年 1% 左右的速度不断提高。2008 年全国城市化率为 45.7%，根据专家预测，到 2020 年我国城市化率将达到 60%。

我国自然地理条件总体并不优越，生态环境整体上也十分脆弱。各地区自然资源禀赋差异巨大，经济社会发展也很不平衡，资源环境承载力总

体上比较低。同时，我国人口规模十分巨大，而且将持续增加，主要资源
和环境容量的人均占有量十分有限，远低于世界平均水平。全社会的环保
意识和参与程度总体不强，非环境友好的消费增长和消费方式对环境冲击
较大。单位国土面积的资源能源消耗和污染物排放量均高于世界平均水平，
主要污染物排放总量远超环境容量，生态环境已不堪重负。

城市化和人口在空间尺度上的过度集中，
没有给自然留下足够的时间和空间来净化。

大量的有机物和能量由农田向城市转移，加剧了营养物质和能量的局部不均衡

城市化进程的不断加快势必会增加对资源的需求量，将会消耗更多的钢铁、建材、有色金属、石油化工等重化工产品，产生大量污染排放，给节能减排带来的巨大压力是不言而喻的。美国达到工业化时人均电力装机容量为 4 千瓦、日本为 2 千瓦，在我国，即便人均仅为 1 千瓦，并尽可能利用水电、核电和可再生能源，也至少需要煤电 10 亿千瓦，增加电煤 15 亿吨以上，形势非常严峻。

三、政策法规标准体系不完全适应环保形势需要的状况尚未根本改变

虽然节能减排已影响到社会生活的多个方面，但在具体的实施过程中，仍存在诸多问题，在"减排、环保"的口号下，具体的政策措施落实尚未完全到位，减排工程运行尚不稳定。

经济激励政策不足，企业治污积极性不高，政府、企业、社会的多元化环保投融资机制不够成熟，环保投资来源少、总量低，环境基础设施建设运营薄弱。环保法律法规初成体系，但一些规定已不能适应新形势，缺乏对政府部门环境违法行为的监督和制约机制，对违法行为的处罚力度不足，需要抓紧修订完善。环保产业发展和环境基准研究滞后，环保标准体系不健全，对环境保护的支撑总体不足。

截至 2009 年末，全国还有约 1/4 的设市城市和 70% 的县城尚未建成污水处理厂，其中地级市 28 个，县级市 145 个。支持减排、抑制"两高一资"的财税、金融、价格等激励政策还不完善，有些政策还在制定过程中，有些政策虽已出台但没有得到很好的贯彻落实，政策效果发挥不够。以水污染处理费的收取为例，中央已明确污水处理费要尽快提高到 0.8 元 / 吨以上，东部地区 98 个城市平均收费水平为 0.64 元 / 吨，中部和西部地区污水处理收费水平都低于全国平均水平，31 个省会城市中只有 8 个城市达到或超过了 0.8 元 / 吨，污水处理收费标准偏低的问题比较普遍。在脱硫电价方面，人为干预现象较为普遍，相当一部分省未严格按照《燃煤发电机组脱硫电价及脱硫设施运行管理办法》规定，对脱硫设施不正常运行的扣减脱硫电价款，并处以罚款。政策执行不到位影响了治理设施的运行效果。

另一方面，多元化社会投融资机制尚不健全，污染减排资金投入不足，

很多已列入规划的项目难以启动，一些地方减排工程建设滞后，严重影响减排任务的完成。

四、三大体系建设难以适应减排实际需要

企业达标排放是污染减排的重要前提和基础，目前，企业的稳定达标率还较低。根据国控重点污染源监测报告，2008 年，2 844 家废水污染源排放达标率为 72%，2 844 家废气污染源排放达标率只有 62%，900 家城市污水处理厂排放达标率为 67%。在当前经济发展进程中，企业既要保就业又要保利润， 治污设施运行不足问题势必日益凸显，达标率也存在进一步下降的风险。

与企业达标率密切相关的三大体系建设仍困难重重，难以满足减排工作的实际需要。尽管 2007 年中央对地方投入能力建设资金 32 亿元，但是近一半的省级环保部门污染源在线监控系统还没有建成，1 000 多家电厂脱硫设施虽然安装了在线监控装置，但与环保部门进行联网监控的还不到 30%。不少企业在线监控设施严重滞后，即使安装了相应设施，监测数据也存在普遍不准确的问题，有一些甚至查不到历史数据，导致在 2008 年的年终总量核算中，各省平均自报数据与终核结果差距较大，具体数据的精确度有待进一步考证，加大了减排工作的难度。

此外，各地减排工作进展不平衡现象严重，一些地方污染减排基础不牢、能力不强、监管薄弱等问题仍普遍存在，特别是在思想观念的转变、方式方法的灵活性及实际工作能力方面还不能完全适应当前形势，这些都成为污染减排工作全面推进的制约因素。

基层环境执法监管能力薄弱，环境管理人员不足、能力不强、监督不严的问题仍难以在短期内得到解决。地方保护主义比较普遍，正常的环保执法受到较多限制和干扰，有法不依、执法不严、违法不究的问题比较突出，企业超排、偷排等环境违法行为比较猖獗，"违法成本低、守法成本高"的局面尚未得到根本改观。环境污染监测监控网络不健全，环境预警应急管理体系不够健全，环境风险排查和整治能力不足，突发环境事件的应对处置能力不强。

污防精神"八字"当头

一、党的十八大科学谋划了中国宏伟蓝图,对环境保护工作具有重要的指导意义

党的十八大提出了一系列新思想、新观点、新论断、新举措,把生态文明建设提升到"五位一体"总体布局的战略高度,首次单列一个部分加以论述,有关内容和要求写入新修订的党章。提出树立尊重自然、顺应自然、保护自然的生态文明理念,把生态文明建设放在突出地位,融入经济建设、政治建设、文化建设、社会建设各方面和全过程。美丽中国是生态文明建设的目标指向。美丽中国首重生态文明的自然之美,体现在美丽天空、美丽河湖、美丽海洋、美丽大地、美丽城市等。建设美丽中国,实现中华民族永续发展,为我们描绘了生态文明建设的美好前景,对推动环保事业发展具有重大指导意义。

二、把握党的十八大精神实质,打造"创新、综合、协同、精细"的污防精神

环境保护是建设美丽中国的主干线、大舞台和着力点,也是生态文明建设的根本措施。污染防治是环境保护的主阵地、主战场,说到底就是提供优质的生态产品,即清新空气、清洁水源、安全食品、舒适环境等。通过对党的十八大精神的深入学习,研究 30 年来污防工作的发展历程和当前环保新形势,我们提出了"创新、综合、协同、精细"的污防精神,用以指导工作实践。

"创新"就是贯彻党的十八大精神,我们应当把创新理念运用到污染防治和实践中去,在面对新的形势时要提出新思想、面对新的任务时要丰富新手段、面对新要求时建立新制度,构建起系统完备、科学规范、运行有效的污染防治新体系。

"综合"就是按照党的十八大部署,从生产、生活、生态等多方入手,在区域发展布局、经济政策制定、政绩考核等方面,运用经济、社会、法律、行政等综合手段,促进污染防治全面融入经济发展的各个领域,形成节约

资源和保护环境的空间格局、产业结构、生产方式、生活方式，从源头上扭转生态环境恶化趋势。

"协同"就是遵循生态文明理念，打破传统的按照单一污染物、单一环境要素、单一区域的污染防治模式，把环境作为由各种要素、各个区域共同构成的有机整体，强化不同污染物、不同环境要素、不同区域之间的协同控制，从根本上改善环境质量。

"精细"就是落实党的十八大要求，在污染防治实践中注重过程管理，对生产生活过程各个环节进行严密监控，推进过程策划、过程实施、过程监测和过程改进，建立持续性、精细化管理机制，推动发展方式转变。

三、把党的十八大精神落实到建设美丽中国的行动中去，开创污染防治工作新局面。

全国污染防治工作会议上，提出了"出重拳、用重典"的污染防治主基调和"四个三"的工作总体思路。抓住水、空气和土壤三大环境要素，突出重金属、危险废物和化学品三类污染物，充分运用目标责任制考核、环保模范城市创建、环保核查与行政审批三个手段，在经济社会发展综合决策、区域流域综合治理和污染源综合防控三个层面，通过实施全防全控、联防联控和群防群控，努力削减污染物排放量、改善环境质量、提高公众的环境满意度。"四个三"的工作总体思路，符合党的十八大提出的推进生态文明建设、建设美丽中国的战略构想。我们将增强使命感、责任感、紧迫感，树立忧患意识、创新意识、宗旨意识、使命意识，以党的十八大生态文明建设为统领，发扬"创新、综合、协同、精细"的污防精神，坚定不移探索在发展中保护、在保护中发展的环保新道路。

一是坚持创新，强化水、大气、土壤等污染防治，全面改善环境质量。探索建立"流域—控制区—控制单元"的三级防控模式和流域水污染会商预警制度，完善和推广流域跨界水环境补偿机制，开展水质较好湖泊生态环境保护试点；开展煤炭消费总量控制试点，对大气污染严重的城市新建项目实行区域内"倍量替代"；以细颗粒物和机动车排放物为重点，完善区域大气污染联防联控机制；加强化学品环境管理，建立化学品风险控制、持久性有机物污染防治和化工园区管理"三位一体"的化学品环境管理体系，积极推进危险废物处理处置和污染场地修复，打好铬渣处置、废塑料回收整治和电子废物污染整治"三大战役"；开展重点行业环保核查，全面建立环保核查制度。

二是综合治理，切实加强顶层设计，推动经济发展方式转变。国务院及有关部门批复实施了水、大气、重金属、危险废物、化学品五个领域10个"十二五"专项规划。"五子登科"让污染防治工作告别了各自为政、分散作战的时期，进入了统筹规划、全面推进、顶层设计、以改善环境质量为目标导向的新时期。我们将建立完善规划"倒逼"机制，将污染防治融入经济社会发展的大局中去，改进生产方式，改变生活模式，改善生态环境，发挥环境保护对经济增长的优化和保障作用，解决制约经济持续健康发展的重大结构性问题。

三是协同控制，解决损害群众健康突出问题，努力建设美丽中国。开展环境容量研究，加强重点流域水污染防治，创建以辽河流域为代表的重点流域生态文明示范区，建立流域生态环境治理长效机制，推动美丽河湖建设；推动城市"减污增容"，以创建国家环保模范城市为载体，推动美丽城市建设；发展循环经济，创建环境友好型企业，推进绿色发展、循环发展、低碳发展。

四是精细管理，加强制度谋划和建设，建立持续性、精细化的工业污染防治新体系。建立健全环保网格化管理机制，全面掌握污染要素的规律特征；运用过程控制思想，严格核查污染物产生的每一个环节，建立系统科学的环保核查制度；针对环境要素空间布局和具体特征，因地制宜、因时制宜，采取不同的污染防治对策；推进建立环境信息公开制度，最广泛地动员和组织公众依法参与和舆论监督。

四、"十二五"污染防治工作实现四个转变

"十二五"是全面建立污染防治主动防控体系的关键时期，要努力推进污染防治实现四个方面的转变：

一是在防治对象上，逐步由以常规污染物为主向常规污染物与高毒性、

难降解污染物并重转变。既要继续抓紧 COD、氨氮、SO_2、氮氧化物等主要污染物的总量控制，又要深入推进 $PM_{2.5}$、重金属、危险废物、持久性有机污染物等污染防治工作，还要高度重视其他有毒有害污染物的控制。我国环境中污染物种类繁多，仅地表水环境质量标准中涉及的水污染物就达 109 项，但实际污染物种类可能达到数百种。有些污染物在环境中超过一定浓度或经过一定时间的累积，就会威胁环境安全和群众健康，一定要未雨绸缪，加强研究，及早防范，避免被动。

二是在防治方法上，逐步由单一控制向综合协同控制转变。环境问题既是经济、社会问题，也是生态问题，对于不断凸显的深层次环境问题，必须从生产、生活和生态方面采取联动措施，改进生产方式，改变生活模式，改善生态环境，实施全方位的综合控制。社会各界热议北京 $PM_{2.5}$ 污染，小颗粒折射出大问题，$PM_{2.5}$ 治理就必须从生产、生活和生态三方面入手，转变城市规划、建设和管理模式。同时，环境是由多种要素构成的有机整体，按照单一污染物、单一环境要素、单一区域的污染防治旧模式，难以根本改善环境质量。必须强化不同污染物、不同环境要素、不同区域之间的协同控制。大气污染防治既要重视煤烟型污染防治，更要重视机动车排气污染控制；水污染防治既要关注地表水，更要重视地下水；流域上下游、空气流通传输的区域之间也要加强协同控制。

三是在防治模式上，逐步由粗放型向精细化管理模式转变。污染防治工作专业性强、涉及面宽，受人员素质、管理能力等各方面限制，管理粗放问题一直比较突出。经济社会发展和环境保护的新形势要求我们，必须尽快改变粗放的管理模式，逐步提高污染防治管理工作的精细化水平。目前，环境保护部的总量减排、环保核查、"城考"和"创模"等工作要求日益精细化，但一些地方环保部门的工作还十分粗放，上下难以衔接，影响工作成效。当前，各地的污染防治工作经费基本得到保障，人员管理水平也在不断提升，我们要抓住机遇，充分利用信息技术手段，尽快提升污染防治工作的精细化、信息化和专业化水平。

四是在防治目标上，逐步由总量控制为主向全面改善环境质量转变。全面改善环境质量是污染防治的根本任务。目前我国污染防治工作总体上仍然侧重于常规主要污染物的总量控制，这是当前主要污染物还是影响环境质量的关键因素这一客观条件决定的。但是，生态环境是个极其复杂的巨系统，总量与质量的响应关系相当复杂，现有管理和技术水平也难以对每种污染物都实施精确的总量控制。在结构型、压缩型、复合型、耦合型污染日渐突出的大形势下，污染防治工作应该做出适当调整，将全面改善环境质量作为更直接的工作目标，通过强化环境质量约束机制，"倒逼"地方政府采取措施改善环境质量。条件成熟的地区可以先试先行，探索将环境质量作为对地方政府环保目标考核的约束性指标。

勾勒国家污染防治路线图

党中央、国务院高度重视污染防治工作，把污染防治规划作为国家规划体系的重要组成部分。《国家"十二五"时期污染防治工作的 10 个专项规划》（以下简称《规划》）已经编制完成，这一规划中包括了 5 个领域（水、大气、重金属、危险废物、化学品）经国务院批复实施，污染防治规划的地位与执行力得到重大提升。我们戏称为水、大气、重金属、危险废物、化学品"五子登科"。"五子登科"在我国污染防治历史上是绝无仅有的。自此，我国摆脱了以往污染防治各自为政、分散作战的境况。完成华丽转身进入了统筹规划、全面推进、顶层设计、以改善环境质量为目标导向的新时期。实施《规划》对于支撑科学发展、加快转变经济发展方式具有重大意义；《规划》的实施在我国的污防历史上首次实现了统一规划。更加细致地绘制出了实施国家污染防治方略的路线图，可以说是我国环境保护的一座重要的里程碑，它标志着我国奋力开启污染防治新征程。

一、认真组织，科学编制

2008 年 11 月，环境保护部启动了《规划》编制的前期研究工作。"十二五"环境保护工作思路专门向党中央、国务院做了汇报，明确了"十二五"环境保护的方针、路线、目标和重点，将《规划》列入了国务院 2011 年专项规划审批计划。历时近四年，《规划》编制完成。2011 年 2 月至今，国务院分别批复、环境保护部会同有关部门印发了《全国地下水污染防治规划（2011—2020 年）》《全国城市饮用水水源地环境保护规划（2008—2020 年）》《重点流域水污染防治规划（2011—2015 年）》《长江中下游流域水污染防治规划（2011—2015 年）》《近岸海域污染防治"十二五"规划》《重点区域大气污染防治"十二五"规划》《全国主要行业持久性有机污染物污染防治"十二五"规划》《化学品环境风险防控"十二五"规划》《危险废物污染防治"十二五"规划》《重金属污染综合防治"十二五"规划》。除重点流域规划之外，其他九个规划都属首次编制完成。《规划》编制的主要经验是：

（1）统一思想，组织高效。在《规划》的编制过程中，坚持用改革的办法破解环境保护的难题，坚持社会主义市场经济的改革方向，提高改革决策的科学性，增强改革措施的协调性，找准深化改革的突破口，明确深化改革的重点，不失时机进行重点领域和关键环节改革。只有不断地改革才能够持续推动我国污防制度自我完善和发展，通过不断地改革，我们才能够破除一切妨碍科学发展的思想观念和体制机制弊端，为推进我国污防事业注入强大动力。环境保护部党组高度重视《规划》编制工作，多次召开部党组会、部长专题会，连续三年在全国环保工作会议、全国污防工作会议上研究部署规划编制工作。在编制《规划》的过程中我们汇集了各方面力量，分管部领导亲自带队，开展分片区座谈和调研，各司局、各单位、各地方大力支持和配合规划编制。可以说《规划》的编制是一次科学决策和民主决策的过程，也是落实《中华人民共和国国民经济和社会发展"十二五"规划纲要》和《国务院关于加强环境保护重点工作的意见》的支撑和行动计划。

（2）实践丰富，凝聚智慧。"十一五"时期，国家做出一系列重大部署。环境保护部组织有关人员，结合国家主要污染物总量减排核查核算、重点流域水污染防治"十一五"规划考核等重点工作，对各地的规划执行情况进行了审核和评估，编制完成了规划考核报告。《规划》在充分吸收中国环境宏观战略研究、全国污染源普查、水体污染控制与治理科技重大专项等基础研究成果的基础上，针对"十二五"期间环境经济形势、污防重点、主要污染物减排战略、政策措施、投入保障等重点领域与内容，精心设置了60余项课题，在全国范围内公开选聘了70多家具有深厚研究基础和实践经验的技术单位，前后组织了1 000余名各行业、各领域的专家学者，参与《规划》的研究编制，形成了500余万字的研究成果，提出了一系列政策和技术方案。同时组织技术支持单位，针对基础、形势、压力、目标指标、重点任务、工程措施与重大政策等，进行了全面系统的专题研究，为《规划》编制奠定了坚实的科学基础。

（3）采言纳策，多方论证。《规划》编制的过程少不了公众的力量。环境保护部采取了多种方式来引导公众的参与。例如，在环境保护部网站上设置网络专栏，在全国各地发放污防调查问卷。整个过程中累计召开了上千人次的专家咨询会议、研讨会、座谈会。通过这些形式，我们深入了解了公众、基层环保工作者、海内外知名专家学者关于《规划》的意见和建议。为了保证论证的广泛性和严密性，《规划》编制组对全国上万家排污单位的减排潜力和能力进行了逐个分析，形成了国家控制目标和思路。对全国省级以上上千个监测断面（点位）近十年水质监测数据、300 多个地级以上城市大气环境监测数据，逐项反复分析论证，确定环境质量目标。《规划》还征求了 31 个省、自治区、直辖市政府，23 个中央国务院所属部门的意见。编制组经过充分调研、论证，逐一梳理研究，反复协调沟通，认真研究修改，最终与各有关方面达成一致。应该说，通过数百名专家参与规划研究，收集上千万个基础数据，经历了数十稿修改，《规划》具备了基础扎实、研究全面、衔接充分、论证严谨、程序规范、决策科学等特点，是全体污防工作者智慧的结晶、实践的凝练、方法的探索、经验的总结。

《规划》的主要特点：一是综合性。污防规划需要对经济、社会、环境等各项要素进行统筹安排，涉及许多方面的问题。各专项规划不仅要能够反映单项的要求和发展规划，还要能综合各环境要素之间的关系。需要协调经济、社会等方面的种种要求和矛盾。二是政策性。污防规划既是国家污防工作的战略部署，又是组织合理生产、生活环境的手段。《规划》涉及国家经济、社会、环境、资源等众多部门，对于调控国家经济社会发展和建设具有重要作用，其中一些重大问题的解决都必须以国家有关法律法规和方针为依据。三是超前性。污防规划与管理既要解决当前污染问题，又要预测今后一定时期的发展和充分估计长远的发展，可以说污染防治"功在当代，利在千秋"。所以《规划》必须具备分析预测的功能，能够对今后的发展做出合理部署和安排。作为国家及地方政府宏观决策的依据，《规划》更是要具备超前意识和战略远见，超前研究和分析预测经济社会建设和发展中可能出现的问题并提出对策。四是实践性。污防规划方案要充分反映实践中的问题和要求，有很强的现实性。按照规划确定的方案实施，是实现规划的唯一途径。规划实践的难度不仅在于对各项工作在时空方面做出符合规划的安排，而且要协调各项经济建设活动的要求和矛盾。当然，任何一个规划方案对实施过程中问题的解决都不可能十分周全，也不可能一成不变，需要在实践中进行丰富、补充和完善。

二、分析形势，明确指导思想和战略目标

（1）经济社会发展发生新变革。当前国际环境复杂多变，全球正处于大发展、大变革、大调整时期，和平、发展、合作是时代潮流。世界多极化、经济全球化深入发展，综合国力竞争更加激烈，世界经济政治格局出现新变化。但是目前世界经济增长速度减缓，全球需求结构出现明显变化，围绕市场、资源、人才、技术、标准等的竞争更加激烈，气候变化以及能源资源安全、粮食安全等全球性问题更加突出。从国内看，"十二五"是我国全面建设小康社会的关键时期，也是深化改革开放、加快转变发展方式的攻坚时期。我国正处于工业化和城镇化快速发展时期，结构调整进度不快，资源环境约束不断强化，发展中不平衡、不协调、不可持续问题突出。在污防领域，长期积累的历史遗留问题尚未解决，快速发展带来的新问题不断出现。"十二五"规划纲要将转方式、调结构、促协调、强支撑、惠民生、推改革作为核心任务。从历史发展的经验看，污染防治是推动转型发展的重要切入点，绿色发展是占领新的制高点的必然选择，在转型发展的关键阶段，编制推动绿色发展转型的污防规划，是时代的使命和必然的选择。

（2）环境保护面临新形势。当前，我国污染防治水平仍然较低。目前的环境监管制度尚不完善，新老环境问题交织，环境问题压力日益加大。总的来看，环境形势是局部有改善，总体尚未遏制，形势依然严峻，压力继续加大。突出表现为：一是污染物排放总量依然较大。2010 年，我国 COD、氨氮、SO_2、氮氧化物排放量分别为 2 551.7 万吨、2 64.4 万吨、2 267.8 万吨、2 273.6 万吨，这一数字远远超过全国环境容量。同时，我国能源消费量不断增长，污染物产生量还将继续增加。二是改善环境质量压力加大。七大水系近 20% 的监测断面水体污染严重，湖泊富营养化加重，河流入海水质较差，近 1/5 的地级以上城市空气质量达不到二级标准，酸雨污染仍然较重，城市大气灰霾现象突出。三是防范环境风险任务艰巨。

汽车尾气、重金属、危险化学品、持久性有机污染物、危险废物、电子废物、场地、地下水等污染凸显，突发环境事件居高不下，环境问题已经威胁人体健康和公共安全。四是污染防治基础工作依然薄弱。基层人员缺乏、能力滞后，仍不能适应事业发展要求。

（3）污染防治进入新时期。"十一五"期间，污染防治在认识、政策、体制和能力等方面取得重要进展。建设生态文明、推进环境保护历史性转变、探索环保新道路等一系列重大战略思想相继出台，各地各部门也都积极探索创新了一系列适应环境保护与经济协调发展的机制与政策，污染治理设施建设速度加快。"十二五"期间，党中央、国务院明确提出要以科学发展为主题，以加快转变经济发展方式为主线，把加快建设资源节约型、环境友好型社会作为重要着力点，加大环境保护力度，提高生态文明水平，为污染防治事业加快发展提供了新机遇，污染防治已经步入新的历史阶段。《规划》在认清形势的基础上，立足于全面建设小康社会的关键历史阶段，努力将污染防治与转方式、调结构、扩内需、惠民生相结合，由以污染防治为主向总量、质量、安全转变；由以生产领域的环境管理为主向全领域、全过程环境管理转变；由注重污染防治本身向助力经济发展绿色转型转变。

按照与2020年实现全面建设小康社会奋斗目标紧密衔接的要求，综合考虑未来经济社会和环境保护发展趋势及条件，"十二五"时期污染防治主要目标是：主要污染物排放总量显著减少，城乡饮用水水源地环境安全得到有效保障，水质大幅提高，环境空气质量有所改善，重金属污染得到有效控制，持久性有机污染物、危险化学品、危险废物等污染防治成效显著，城镇环境基础设施建设和运行水平得到提升，生态环境恶化趋势得到扭转，环境监管体系得到健全。

三、顶层设计，突出重点

"顶层设计"已成为近一个时期的流行语。作为工程学的名词，其概念引入经济社会发展的实践范畴，绝非偶然。这一过程正是我们单纯从"经济人"到"社会人"发展的认知过程，也是马克思主义中国化的过程。党的十七届五中全会首次提出了"顶层设计"的表述，"顶层设计"也绝非只是停留在概念、口号、形式阶段，而是最终转化为深化改革的动力和行动纲领。当下，污染问题是制约中国经济社会发展的矛盾之一，在化解这些问题的过程中，迫切需要"顶层设计"。绝不能就当前而当前，就部门而部门，就地方而地方，避免头痛医头、脚痛医脚，片面地追求速度而忽视质量，过分地注重任期而忽视长远。污防的过程需要切实用系统的、全局的和长远的眼光，来注重制度建设和机制构建，真正从思想和行动的深处践行科学发展观。为此，《规划》作为国家"十二五"规划体系的重要组成部分，高度重视我国污防工作总体设计，认真谋划"十二五"期间甚至更长时期污防领域的目标、任务和政策措施。特别注重从机制、组织等方面加强规划之间的衔接，保持目标指标原则及主要任务的相对一致。还特别注重国家、区域流域、省、市、区县等不同层级规划的衔接，以便在统一思想的基础上，国家任务在下级规划中得到落实。

（一）规划体系、规划指标、规划内容

规划体系分为三个层面：一是以改善民生为基本出发点，兼顾重点行业、重点区域、重点城市。在重点流域、近岸海域、地下水、饮用水水源、三区九群大气等规划中，体现削减污染物总量、改善环境质量、防范环境风险的系统集成。二是以工业污染全防全控为主攻方向，编制实施全国重金属污染综合防治、化学品环境风险防控、危险废物污染防治等规划，确保环境安全。三是以履行国际环境公约为出发点，编制主要行业持久性有机污染物污染防治规划，力争重点领域有所突破。

《规划》总共制定了七项指标。这七项指标是根据目标、任务，综合考虑经济技术可行性、指标稳定性等因素，按照可监测、可统计、可分解、可评估、可考核的原则所指定的。七项指标的内容为 COD、氨氮、SO_2、氮氧化物四个主要污染物排放总量控制指标、两项地表水环境质量指标和一项大气环境质量指标。

《规划》内容分为污染防治形势、总体要求、主要任务、重点工程和保障措施五个部分。

（二）规划重点领域

一是紧紧围绕科学发展主题，转变经济发展方式主线，大力推进生态

文明建设，积极探索环保新道路。我国已进入只有调整经济结构，才能促进可持续发展的关键时期。"背水一战"决战转型，方能为小康中国开辟出坦途。为此，《规划》从定位、目标、任务到各个工作领域、政策措施等，突破就污染防治谈环保的局限，将污染防治融入经济绿色转型的发展潮流，通过维护人民群众环境权益、改善环境质量，满足广大人民群众加强环境保护的迫切期待。积极探索污染防治新举措，作为推动经济发展方式转变的着力点。《规划》要求组织开展重点行业环保核查，发布符合环保要求的企业名单，采取部门联动措施，限制不符合环保法律法规要求的企业出口产品、信贷融资，促使企业加大治污资金投入。

二是下大力气解决关系民生的突出环境问题，把改善环境质量放在更加突出位置。坚持环保为民，将"切实解决突出环境问题"作为一项重要规划任务，以解决饮用水不安全和空气、土壤污染等损害群众健康的突出环境问题为重点，加强水、大气污染等综合治理，明显改善生态环境质量。在水环境保护方面，要严格保护饮用水水源，全面完成保护区划分，取缔所有排污口，推进水源地环境整治，提高水源地水质达标率；深化流域水污染防治，继续抓好重点流域水污染防治，推行分区控制，优先防控重点单元，切实改善环境质量；采取"以奖促保"等政策鼓励措施，加强水质良好和生态脆弱的湖泊和河流的保护；综合防控海洋环境污染和生态破坏。计划 2015 年所要达到的目标：近岸海域水质总体保持稳定，长江、黄河、珠江等河口和渤海等重点海湾的水质有所改善；深入推进地下水污染防控，探索开展修复试点。在大气污染防治方面，实行脱硫脱硝并举，多种污染物综合控制。在重点区域开展臭氧、细颗粒物的监测，加强颗粒物、挥发性有机物、有毒废气控制，健全大气污染联防联控机制，完善联合执法检查，明显减少酸雨、灰霾和光化学烟雾现象。

三是加强重点领域环境风险防范，维护环境安全。针对目前突发污染事件高发态势，《规划》首次将"加强重点领域环境风险防控，维护环境安全"列为重要的规划任务，把重金属、危险废物、持久性有机污染物、危险化学品等作为防范环境风险的重点。随着制度政策的完善，一套包含防范、预警、应对、处置和恢复体系功能的系统将更加健全。环境风险防控主要包含有以下几个方面的内容：

环境风险防控基本制度建设方面。强化环境风险管理基础，完善全防全控保障体系，开展环境风险调查与评估，完善环境风险管理措施，健全防范、预警、应对、处置和恢复重建体系。

重金属、化学品风险防控重点方面。加强重点行业、重点区域重金属污染防治，加大有毒有害化学品淘汰力度，严格化学品环境监管，加强化学品风险防控。

控制危险废物环境风险方面，大力推进固体废物处理处置和危险废物污染防治，加大工业固体废物污防力度，提高生活垃圾处理水平。

《规划》提出建立重大工程项目建设和重大政策制定的社会稳定风险评估机制。凡是直接关系到人民群众切身利益且涉及面广、容易引发社会稳定的重大决策事项，都应当就其合法性、合理性、可行性和可控性进行评估，将社会矛盾和环境风险提早化解。

四、精细化管理，大力削减污染物排放总量

（一）分区控制，突出重点

《规划》对重点流域主要污染物总量控制提出了明确的目标。到 2015 年，重点流域 COD 排放量控制在 1 292.5 万吨，比 2010 年削减 9.7%；氨氮排放量控制在 120.7 万吨，比 2010 年削减 11.3%。为控制污染物排放总量，重点流域水污染防治实施精细化管理。在管理体系上建立了"流域—控制区—控制单元"三级分区体系。根据流域自然汇水特征与行政管理需求，重点流域共划分 37 个控制区、315 个控制单元。流域层面重点统筹水污染防治的宏观布局，明确流域水污染防治重点和方向，协调流域内上下游、左右岸各行政区的防治工作；控制区、控制单元落实地方政府水污染防治目标、任务、项目和措施。根据不同流域的特点，制定水污染防治综合治理方案，分水质维护型、水质改善型和风险防范型 3 种类型实施分类指导，有针对性地采取控源、治理、修复、风险防范等措施，强化工业、农业、生活源协同控制。对于水质改善任务艰巨的控制单元，相关地方政府应研究制定特别排放限值，从严控制污染物排放。

环境保护部对于水质状况持续恶化、达不到规划考核目标的控制单元，将采取"区域限批"措施，层层追究责任。《规划》确定了5类项目，筛选了骨干工程5998个，估算投资约3460亿元。其中优先控制单元骨干工程项目3745个，占项目总数的62.4%；投资约2472亿元，占总投资的71.4%。

（二）陆海统筹，河海兼顾

"十二五"时期，随着我国海洋战略的考量和海洋主权的维护，特别是沿海地区已进入新一轮海洋开发和区域经济发展阶段。但是目前仍旧存在着产业布局和结构不尽合理、环境基础设施不完善、环境监管能力不足等制约科学发展的体制机制障碍，保护和改善近岸海域环境质量面临诸多挑战。《规划》明确了近岸海域污染防治的指导方针和目标要求。以改善近岸海域环境质量，保护海洋生态系统健康为目的，以陆源防治为重点，坚持"陆海统筹，河海兼顾"的原则，加强重点流域、入海河流和沿海城市污染防治。严格控制污染物入海总量；强化近岸海域生态保护，促进环境保护与区域经济协调发展，为实现经济社会可持续发展奠定基础。根据《规划》中制定的总量控制目标，到2015年，全国近岸海域规划范围内主要污染物排放量得到有效控制。COD、氨氮、总氮和总磷排放量分别控制在500.7万吨、57.2万吨、148.5万吨、14.5万吨，分别比2010年削减12.7%、14.0%、7.5%、7.7%。

五、改善环境质量，满足人民群众日益增长的环境要求

（一）保护饮用水，让人民群众喝上干净的水

为了能够达成这一目标，《规划》主要提出了三点：

第一，规划分区。根据地域特征，将全国分成6个片区，即：东部北方片区、东部南方片区、东北片区、中部片区、西北片区和西南片区。

第二，规划目标。到2020年，全面改善集中式饮用水水源环境质量状况。城市饮用水水源环境污染状况得到全面控制，水质得到有效保障；提升水源应急监测及应急供水能力，建立比较完善的饮用水水源环境管理技术及方法体系。2020年将全面实现小康社会目标对水源水质安全的需

求。近期的目标是在 2008—2015 年，水质达标的饮用水水源比例不低于 90%，远期目标是在 2016—2020 年，水质达标的饮用水水源比例达到并稳定在 95% 以上。如果这一目标能够实现，那么将基本解决城市集中式饮用水水源水质安全问题。

第三，规划项目。《规划》确定 2 类项目、8 类工程，投资 584.7 亿元。

（二）防治地下水污染，切实保障地下水饮用水水源环境安全

（1）地下水环境状况。多年来我国平均地下水资源量占水资源总量的 29%。总体上，全国地下水环境质量"南方优于北方，山区优于平原，深层优于浅层"。当前，地下水污染呈现由点状、条带状向面上扩散，由浅层向深层渗透，从城市向周边蔓延的趋势。鉴于地下水污染具有隐蔽性、滞后性、难恢复的特点，必须下决心加大治理力度。

（2）规划目标。根据规划的目标，到 2015 年我们将基本掌握地下水污染状况，初步控制地下水污染源，初步遏制地下水水质恶化趋势，全面建立地下水环境监管体系；到 2020 年，对典型地下水污染源实现全面监控。届时，重要地下水饮用水水源的水质安全得到基本保障，重点地区地下水水质将有明显改善，环保部门对地下水环境监管能力将得到全面提高，地下水污染防治体系基本建成。

（3）规划任务。为了实现《规划》提出的目标，我们首先将开展地下水污染状况调查，有计划开展地下水污染修复；建立健全地下水环境监管体系。工作的重点是要保障地下水饮用水水源环境安全；严格控制影响地下水的城镇污染。强化重点工业地下水污染的防治工作；分类控制农业面源对地下水污染；加强土壤对地下水污染的防控。

（4）规划项目和投资。《规划》提出了地下水污染调查、地下水饮用水水源污染防治示范、典型场地地下水污染预防示范、地下水污染修复示范、农业面源污染防治示范、地下水环境监管能力建设 6 类项目。总投资 346.6 亿元。

（三）推进重点区域大气污染联防联控，让公众呼吸新鲜的空气

（1）划分污防范围。《规划》划出的重点污防区域包括京津冀、长三角、珠三角地区、辽宁中部、山东、武汉及其周边、长株潭、成渝、海峡西岸、

山西中北部、陕西关中、甘肃兰州、新疆乌鲁木齐城市群 13 个重点区域。这 13 个区域涉及 18 个省区市，116 个地级及以上城市，规划面积 131.6 万平方公里。这些区域的面积、人口、经济总量、煤炭消费分别占全国的 14%、48%、70%、48%。污染物方面 SO_2、氮氧化物、烟粉尘、挥发性有机物排放量分别占全国的 47%、50%、41%、50%。与全国其他区域相比，重点区域人口密度大，经济活动与能源消费强度高，大气环境问题更加突出。2010 年，重点区域单位面积主要大气污染物排放强度是全国平均水平的 2.9 ～ 3.6 倍；按照新修订环境空气质量标准进行评价，有 82% 的地级及以上城市达不到国家二级标准。突出的特点是复合型大气污染严重，$PM_{2.5}$ 污染问题突出，京津冀、长三角、珠三角等区域每年出现灰霾污染 100 天以上，一些城市甚至超过 200 天。据预测到 2015 年，重点区域主要大气污染物排放新增量将占 2010 年排放量的 15% ～ 22%，大气污染防治面临严峻挑战。

（2）明确规划目标。《规划》指出到 2015 年，重点区域 SO_2、氮氧化物、工业烟粉尘排放量分别下降 12%、13%、10%，挥发性有机物污染防治工作全面展开；环境空气质量有所改善，可吸入颗粒物（PM_{10}）、SO_2、二氧化氮、$PM_{2.5}$ 年均浓度分别下降 10%、10%、7%、5%，臭氧污染得到初步控制，酸雨污染有所减轻。治理的同时我们还将建立区域大气污染联防联控机制，这将使得区域大气环境管理能力明显提高。同时，针对京津冀、长三角、珠三角区域复合型污染十分严重的特点，将 $PM_{2.5}$ 纳入考核指标，要求 $PM_{2.5}$ 年均浓度下降 6%。

（3）重点规划任务。《规划》提出了"统筹区域环境资源、优化产业结构与布局"、"加强能源清洁利用、控制区域煤炭消费总量"、"深化大气污染治理、实施多污染物协同控制"、"创新区域管理机制、提升联防联控管理能力" 4 项重点任务。根据大气污染特征，《规划》中将 13 个重点区域划分为复合型污染严重型、复合型污染显现型、传统煤烟型 3 种类型。针对不同地域的不同污染类型实施分类指导，提出有针对性的污染控制对策。对各个重点区域，《规划》依据地理特征、社会经济发展水平、大气污染程度、城市空间分布以及大气污染物在区域内的输送规律，划分了重点控制区与一般控制区，实施分区管理，执行差异化的控制要求，对重点控制区涉及的 46 个城市，在环境准入、污染源治理以及相关任务措施的完成时限等方面提出更加严格的要求。

（4）明确规划项目。《规划》确定了 SO_2 治理、氮氧化物治理、工业烟粉尘治理、工业挥发性有机物治理、油气回收、黄标车淘汰、扬尘综合整治、能力建设 8 类项目，筛选了重点工程项目 13 066 个，投资估算约 3 500 亿元。

六、防范环境风险，维护人体健康

环境风险防范任务相比过去历次环境保护五年规划而言是首次提出，环境风险防范已经正式进入国家环保工作主战场。

（一）狠抓重点，综合防治重金属污染

（1）重金属污防状况。据近 5 年监测，全国有 387 个地表水监测断面存在重金属个别时段超标现象；个别城镇集中式饮用水水源地也存在铬、汞、铅等超标现象。全国各地区土壤均存在不同程度的重金属污染，主要污染物是汞、铅、砷（类金属）。

（2）规划重点。目前重金属重点污染物为铅、汞、镉、铬和类金属砷；重点区域为《规划》划定的 138 个重点地区；重点行业是重有色金属矿采选业、重有色金属冶炼业、铅蓄电池制造业、皮革及其制品业、化学原料及化学制品制造业；重点企业是具有重大潜在环境危害风险的 4 452 家重金属排放企业。这些重点行业和企业将是治理的重点对象。

（3）规划任务。针对重金属污染的治理，《规划》一共提出了六项重点任务。一是加大重金属相关行业落后产能淘汰力度，进一步提高行业准入门槛和环保准入条件。二是加大执法力度、规范日常管理、加强公众监督等综合手段，严格污染源监管。三是积极推进产业技术进步，大力推行清洁生产，加强污染源深度治理和资源化利用，分区分类推进重点区域整治。四是开展调查评估，建立污染场地清单；做好种植结构调整，综合防控土壤重金属污染；开展修复技术示范，启动历史遗留污染问题治理试点。五是加强重金属监察执法能力建设，完善重金属监测体系，健全重金

属污染事故预警应急体系，健全重金属污染健康危害监测与诊疗系统等。六是加强应急性民生保障，提升农产品安全保障水平，减少含重金属相关产品消费等。

（4）规划重点项目。规划确定了污染源综合治理、落后产能淘汰、民生应急保障、技术示范、清洁生产、基础能力建设和解决历史遗留污染问题试点七大类重金属污染综合防治工程项目。《规划》投资需求约为750亿元。

（二）全面强化监管，防治危险废物污染

（1）危险废物污防形势。"十二五"期间，我国危险废物污防形势依然严峻。我国危险废物产生量仍将持续增长，预计2015年将达到6 000万吨。目前我国的危险废物无害化利用处置保障能力还很弱，全国持证单位危险废物利用处置能力仅为全国危险废物产生量的50%左右；非工业源危险废物污染凸显，例如废荧光灯管、废矿物油和实验室废物等。这些污染物日益成为社会关注的热点，主要出现的问题有无序利用处置现象严重，持证单位危险废物实际利用处置量仅为产生量的20%左右；监管和技术支撑能力薄弱，多数地区未将危险废物纳入日常环境执法监管；将危险废物作为一般固体废物管理的现象普遍存在。现在我国的危险废物正处于非法转移倾倒的高发期。

（2）规划任务。在废物的产生环节我们要狠抓危险废物源头控制；处理环节要提高危险废物无害化利用处置保障能力；推进涉重金属等突出危险废物无害化利用处置；同时积极探索非工业源危险废物管理；加强危险废物监管体系建设。

（3）规划重点工程与投资。国家重点实施四项工程。包括：危险废物产生源规范化管理达标、监管能力和人才建设、试点示范、历史遗留危险废物调查与风险评估工程。工程共需约25.9亿元资金。

（三）着力建设管理制度体系，防控化学品环境风险

我国现有生产使用记录的化学物质有4万多种，其中3 000余种已列入当前《危险化学品名录》，这些化学品具有毒害、腐蚀、爆炸、燃烧、助燃等性质。近年来，危险化学品引发的突发环境事件频发，严重影响环

境安全和社会稳定。《规划》总体思路是：基于三类风险类型，突出四类防控重点，实施四项防控任务，全面推进两个着力点。

（1）三类风险。分别是有毒有害危险化学品导致的健康环境风险、危险化学品引发的突发环境事件风险和化学品相关行业特征污染物排放引发局部环境质量恶化风险。"十二五"时期，通过调查—评估—登记—科研等管理手段的实施，力图将化学品环境风险基本纳入环境管理体系范围内；有效遏制突发环境事件高发态势；将化学品特征污染物排放纳入监测统计体系中，加大对排放企业的监管力度。

（2）四类防控重点。分别是重点防控化学品、重点防控企业、重点防控行业、重点防控省份，以突出"十二五"期间工作的重点对象和抓手，促进规划任务落地，实现防控重点环境风险防控水平的显著提高。

（3）四项任务。《规划》从"调、管、减、提"四个方面提出了主要任务，即促进产业结构调整和布局优化、建立健全生产及相关领域重点环节环境管理、控制特征污染物排放、提升环境监管能力。

（4）两个着力点。着力建设化学品环境风险管理制度体系和着力夯实化学品环境风险管理基础能力。

（5）重点工程。结合化学品环境风险管理基础与化学品环境管理特点，明确"十二五"环境风险防控的目标、重点、主要任务，《规划》设立了五个方面重点工程：全国化学品生产、使用及环境风险基础信息调查、化学品环境管理风险预防与控制体系建设、特征污染物类重点防控化学品排放控制、化学品环境风险防控基础能力建设以及危险化学品风险控制示范工程。

（四）履行国际公约，控制持久性有机污染物污染

（1）污防形势。我国政府高度重视持久性有机污染物的削减、淘汰和控制工作，于2001年5月签署了《关于持久性有机污染物的斯德哥尔摩公约》，2004年11月公约对我国正式生效。2007年4月我国政府批准了《中国履行〈斯德哥尔摩公约〉国家实施计划》，郑重承诺履行公约规定的各项义务以及实施履约的国家战略行动计划，按照公约要求和我国具体国情，确定了分行业、分领域和分区域的履约目标、措施和具体行动。

持久性有机污染物污染防治工作开始启动。

（2）规划编制思路。在《规划》的编制过程中，我们以国民经济和社会发展相关规划、环境保护规划和《国家实施计划》为依据，以全国持久性有机污染物污染调查、重点行业二噁英减排战略研究、持久性有机污染物污染场地优先行动计划、全国多氯联苯调查的相关信息为基础，以解决危害人民群众健康的突出环境问题为重点，以优先整治高风险、集中整治重点地区、主要行业和企业污染为主线，着力控制重点行业和地区二噁英类持久性有机污染物排放，解决高风险持久性有机污染物废物和污染场地问题，建立全过程管理保障机制，切实确保各级政府、行业和企业履行职责，努力消除持久性有机污染物环境安全隐患，保障人民群众身体健康和环境安全。《规划》还提出了"十二五"期间持久性有机污染物防治工作的目标和具体指标，明确了工作重点、优先领域，相关保障措施、重点项目、资金需求和来源，并将规划指标落实和分解到相关地区和行业，全面统筹国内与国际、中央与地方、政府与企业之间的工作安排，有效推动和监督规划的落实。

七、规划衔接，创新政策，保障执行

各规划之间做到了有机衔接，防治目标、指标、任务、协调、效果等方面基本一致，在环境政策和制度方面进行了创新，这是在我国污防实践基础上的继承和发展，体现在如下方面：

（一）强化规划衔接

（1）地下水、饮用水、重点流域、长江中下游、近岸海域五个规划互相衔接。污染防治目标还与国家环保"十二五"规划、重金属规划等相关规划进行了充分衔接，在主要任务和优先控制单元方案中具体落实。

（2）重点区域大气规划与国家环境保护"十二五"规划、"十二五"节能减排综合性工作方案等相关规划进行了充分衔接。根据测算，通过实施该规划，按照新的环境空气质量标准评价，到2015年重点区域城市达标率将由目前的18%提高到34%，可有效支撑国民经济与社会发展"十二五"规划纲要和国家环境保护"十二五"规划中城市空气质量目标的实现。

（3）危险废物规划与全国危险废物设施建设规划、重金属规划互有侧重。危险废物规划注重加强对危险废物利用处置设施建设的市场引导，同时规范危险废物产生和利用处置单位，进而发挥市场的基础性作用，推动利用处置设施的建设和行业的发展。重金属规划注重通过淘汰落后产能、民生应急保障、技术示范、清洁生产等多种方式控制污染源。危险废物规划针对突出类别的涉重金属危险废物，如铬渣、废铅酸蓄电池、含汞危险废物、有色行业富集镉、砷等有害元素的危险废物，以及国内一些利用重金属危险废物的集散地，提出管理要求和治理措施，注重末端治理，是对重金属规划的有益补充和完善。

（4）化学品环境风险防控规划注重与相关规划保持一致。包括与危险化学品安全生产、石化和化学工业发展、危险化学品发展布局等规划，以及与国家环保"十二五"科技发展、环境影响评价、国家环境监管能力建设、国家科学和技术发展等规划，在目标、任务、措施、手段等方面保持一致。

（二）创新环境政策

根据新的污防形势，相应的污防政策也要有所创新，第一，创新污染物总量控制政策，大力推进污染减排。对造纸、印染、化工、电力、钢铁、水泥等行业实行主要污染物排放总量控制，建立新建项目与污染减排、淘汰落后产能相衔接的审批制度，落实产能等量或减量置换制度；对机动车、船氮氧化物控制的要求；探索建立单位产品污染物产生强度评价制度，促使企业在生产过程中自觉降低污染物产生和排放强度，实施全防全控；合理控制能源消费总量，在大气联防联控重点区域开展煤炭消费总量控制试点，探索调控机动车保有总量制度，控制污染物新增量过快增长；进一步完善区域性总量控制要求，在已富营养化的湖泊水库和东海、渤海等易发生赤潮的沿海地区实施总氮或总磷排放总量控制，在重金属污染综合防治重点区域实施重点重金属污染物排放总量控制。第二，强化环境管理，提高环境管理绩效。重金属污染综合防治工作，将以重点区域为核心积极推进，一区一策，实施全过程防治；在防治的过程中特别强调预防与治理相结合，启动全国地下水调查评估项目并强化源头预防，以奖促防设立专项资金支持生态良好的湖泊保护；实施风险管理制度，从环境影响评价、过程控制、竣工验收等环节建立制度，建立调查评估、预防优先、事故处置、应急救援、损害赔偿恢复等在内的全过程管理制度；实施大气污染联防联控与环境风险全防全控；实行城市空气质量分级管理，对于尚未达到标准的城市要制定并实施达标方案；实施环境功能区划，提出不同区域实施差异化的环境管理、环境政绩考核评估等指导性政策。第三，完善环境经济政策，健全长效机制。我们将研究制定脱硝电价政策，激励电力企业建设脱硝设施；同时重点建立国家生态补偿专项资金，建立流域等生态补偿机制（以新安江流域为试点），推行资源型企业可持续发展准备金制度；健全环境污染责任保险制度，探索强制保险制度和终身责任追究制度。第四，落实环境责任，促进全社会共同保护环境。针对企业要强化企业保护环境的主体责任，对固体废弃物收集处置处理推行生产者责任延伸制度，建立化学品环境污染责任终身追究制和全过程行政问责制，落实企业防范环境风险主体责任，建立涉及有毒有害物质排放企业的环境信息强制披露制度。在全社会建立一系列环境信息公开制度，鼓励环保举报、信访投诉，支持环境公益诉讼。

围绕"十二五"时期污染防治的主要任务，《规划》统筹提出了重大工程。据测算，"十二五"期间，全社会环保污染治理投资需求约为 3.4 万亿元，约占同期 GDP 的 1.4%。重点工程投入以企业和地方各级人民政府为主，中央政府区别不同情况给予支持。为保障重点工程投资落实，《规划》提出要充分利用市场机制，研究制定政策措施，鼓励社会资金投资环境保护，形成多元化的投入格局，确保重点工程投资到位。

经过国务院批复印发的《规划》，具有法律效力，其确定的指标和公共服务领域的任务，不但彰显政府的决心，体现国家意志，也是政府对人民群众的庄严承诺。承诺的分量，不仅体现在形式上，而贵在践行。奋斗充满艰辛，奋斗铸就辉煌。一个追求民生为先、统筹为要、环境为基的新时代已经来临。污染防治的新目标鼓舞着我们，人民群众的新期盼激励着我们，我国环境保护的明天一定会更加美好！

城市与工业：环境管理重头戏

一、城市环境管理

党的十八大报告中明确提出大力推进生态文明建设，为今后一段时期城市环境保护工作指明了方向，将国家环境保护模范城市创建工作推上了新的平台，全国"创模"工作进入了全新的历史时期，需要我们进一步提高认识，找准定位，明确方向。

（一）创建国家环境保护模范城市是全国污染防治工作的生动实践

"创模"工作经过 16 年的努力实践，牢牢把握解决城市突出环境问题这一工作重点，将城市环境容量和资源承载力作为城市经济社会的基本前提，努力解决城市发展方式、经济结构和消费模式带来的突出环境问题，在城市经济社会发展的同时，充分发挥环境保护的优化、保障和促进作用。在具体实践中，紧抓水、空气和土壤三大环境要素，解决重金属、化学品和危险废物三类污染物，运用目标责任考核、环保核查和城市环境综合整治考核三大手段，从社会经济发展综合决策、区域流域的综合治理和污染源综合控制三个层面全面深化污染防治工作。多年来，已成为各级地方政府贯彻落实科学发展观、构建和谐社会的重要载体，已成为生态文明建设和转变经济发展方式的重要抓手，成为建设资源节约型、环境友好型社会和探索中国环保新道路的重要平台。

（二）创建国家环境保护模范城市是建设美丽中国的重要途径

党的十八大提出建设美丽中国的全新理念，为"五位一体"的建设总格局提出了新的战略目标，历史使命重大，人民需求迫切。其内涵就是坚持节约资源和保护环境的基本国策，坚持绿色、循环、低碳发展理念，节约资源、保护环境，为人民创造良好生产生活环境。2011 年，我国城镇化率已达 51.3%，美丽城市建设将成为美丽中国建设的主要内容。今后一段时期，我们应将创建国家环境保护模范城市作为美丽城市建设的主要手段，作为建设美丽中国的重要途径，将国家环境保护模范城市努力建设成为社会文明昌盛、经济持续发展、环境质量良好、资源合理利用、生态良性循环、城市优美洁净、基础设施健全、生活舒适便捷的美丽城市，让全国逾半人口充分享受到生态文明建设的累累硕果。

（三）创建国家环境保护模范城市为深入推进生态文明建设奠定了坚实基础

自 1996 年国家环保局启动"创模"工作以来，得到中央领导同志的高度肯定，得到各级政府的积极响应支持，得到社会各界的广泛认可。2012 年，对全国环境保护模范城市抽样结果表明，城市公众对"创模"工作的知晓率均超过 98%，对城市环境保护工作的满意率近 70%。从"创模"历史发展进程来看，1996 年至今，指标体系不断丰富，历经 6 次修订；管理制度不断完善，"创模"管理办法经历了 3 次调整。创建工作经历了从无到有、从点到面、从流域到区域、从局部试点到全面铺开的历史发展阶段；管理思路也走过了从数量到质量、从全面铺开到强化管理、不断深化的历史进程。总之，全国"创模"工作已完成探索实践阶段，经历螺旋式发展，正处于稳步发展、快速提升的历史时期，即将迎来以生态文明建设为战略目标的重要突破。从"创模"工作内涵来看，我们着眼于解决城市经济社会发展中的突出环境问题，继而推动城市政府树立起尊重自然、顺应自然、保护自然的生态文明理念，建立起以环境优化经济发展的综合决策机制，促使生态系统和环境保护与社会经济、政治、文化和社会建设有机融合。从"创模"工作发展规模来看，截至 2012 年，全国已有 81 个城市和 6 个直辖市城区被授予国家环境保护模范城市（区）的称号。在 81 个模范城市中，11% 为超大城市，21% 为特大城市，21% 为大城市，9% 为中等城市，38% 为小城市。21% 为副省级城市，43% 为地级市，36% 为县级市。目前，全国已有近 200 个城市和 10 个直辖市城区向环保部递交了创建申请，还有大量城市和城区正在积极开展前期工作。湖北、四川、浙江、河北、山西、河南、山东、山西、贵州等省份正在积极开展创建省级环境保护模范城市工作，还有一些省份正在积极筹划开展。总之，从事物发展规律来看，从"创模"工作的发展进程和历史成就来看，已为全国城市生态文明建设奠定了坚实基础。

（四）创建国家环境保护模范城市是开展生态创建的必经之路

生态示范区建设是地方政府落实科学发展观、促进区域经济、社会与环境协调发展的重大举措，是向生态文明最终目标迈进的基本模式和载体。近年来生态省、市、县创建深入推进，不少省、市、县在向生态文明建设迈进的过程中，取得了初步的、阶段性的、重要的成果。"创模"与生态省、市创建工作密不可分。在"创模"过程中，根据城市环境容量和资源承载力，立足于解决城市发展方式、经济结构、消费模式带来的突出环境问题，着眼于加快转变经济发展方式，充分发挥环境保护对城市经济发展的优化、保障和促进作用，其根本目的在于全面改善城市环境质量，提升人民福祉。创建国家环境保护模范城市是生态省、市创建工作的必要前提，是进一步深化生态创建、继而向生态文明建设最终目标迈进的必经之路。环境保护始终是生态文明建设的主战场和根本举措，只有从根本上解决好发展中的环境问题，才能最终实现生态文明。

（五）全面深化、加快推进国家环境保护模范城市创建工作

当前形势下，我们要将"创模"工作放在贯彻落实科学发展观和生态文明建设的高度，作为探索中国环保新道路的主战场和转变经济发展方式的重要抓手，以更广阔的视野、更坚强的决心和更扎实的作风，全面深化、加快推进"创模"工作。一是牢牢树立生态文明建设理念。积极探索中国环保新道路，着力构建资源节约型、环境友好型社会，努力推动经济发展方式转变，坚持全面协调可持续，坚持城乡统筹兼顾，坚持高标准严要求，进一步巩固提高"创模"工作水平，充分调动地方各级政府的积极性，始终保持国家环境保护模范城市的先进性，深入推进全国城市环境保护工作。二是加快推进全国"创模"工作。要将全国"创模"工作节奏与生态创建工作节奏相协调，既把握创建节奏，又保证创建质量；要充分发挥"创模"工作的基础作用，凡是满足国家环境保护模范城市考核验收要求的城市，可具备生态市创建基本条件；加强分类指导，东中西部兼顾，进一步完善东中西部分类计分体系，明确生态市创建准入分值；强化监督管理，建立起环境保护模范城市有效期内日常督查暗访机制，加强与生态市创建的工作联动。三是以国家环境保护模范城市为载体，推动美丽城市建设。深入开展城市"减污增容"研究，科学、合理地规划、建设和管理城市，推动城市生态建设与环境保护从被动向主动转变，提高资源环境承载能力，实

现科学发展，实现经济社会发展与环境保护的协调统一。

二、重点行业环境管理

面临打造中国经济升级版的新形势与新任务，化解产能过剩危机迫在眉睫，迫切需要进一步转变环境管理模式，建立重点行业环保核查制度，充分发挥行业协会的力量，牵住产能严重过剩行业"牛鼻子"，率先在重点行业实现中国环境保护的升级版。

重点行业环保核查是当前深化环境治理、推动污染防治工作的积极探索，遵循"预防为主、防治结合、综合治理"方针，是对企业落实环保社会责任基本情况全面、完整核查评估。环保核查在强化政府监管的同时，推动行业协会参与，为重点行业污染防治积累了有益经验，不仅提高了重点行业内生发展动力和质量，而且对经济持续平稳发展和产业转型升级创造了市场推进力，能够有效化解产能过剩矛盾。

（一）加快制度体系改革，推进环境监管体制机制创新

环保核查是对企业环境监管方式的创新，以企业自愿申请为基础，对重污染企业在一段时期内的环保守法、环境管理和环境表现情况及环境绩效等全方位的审查。包括政府监管核查与行业自律核查两个部分，即需要从政府与市场两个方面改革完善环保核查制度，明确相应的制度基础、信用体系、法律责任，真正使环保核查成为推动行业准入、综合决策、协同控制、精细管理的有力手段。环保核查在强调政府监管核查的同时，充分发挥市场自身的约束力，积极培育引导行业协会设立环境审计事务所作为第三方参与环保核查，在补足市场的功能的同时，使企业承担的环保社会责任面对政府监管、行业自律、公众监督三个关口，由此作为提高政府监管效率、提升政府执法公信力的路径。

（二）加快政府职能转变，理顺政府环保核查监管与市场自律的关系

转变政府职能，尊重市场规律，有利于发挥市场机制在环保核查工作中的功能和作用，将政府替市场"把持"的权力还给市场。充分发挥行业协会在行业协调、服务和管理方面的作用，引入环保市场主体建立环境事务所，承接政府职能转移的环保核查技术把关。一方面可将环保部门从烦

琐的环保核查具体事务中解脱，又可对重点行业企业实施更加专业的核查工作，并可使重点行业在环保核查审计过程中，可接受更加专业的技术指导和环保服务。环境保护主管部门负责制定规则和行政监督，协会根据环境事务所提供的企业环保核查审计报告结论，向环保部提出初审意见，环保部门根据初审意见进行抽查和专家评审，公布合格企业名单。同时，环保部门与行业协会等相关部门和单位共同对环境事务所的从业资质进行核准与发放、规范环境事务所市场，培育和引导具有环保工程设计咨询、环保设备制造、环保设施营运的环保企业为环境事务参与环保核查工作。

（三）明确政策实施路径，推动环保核查整体水平提升

建立政府引导、行业协会牵头、环保市场主体参与的环保核查制度，不仅可以优化环保核查制度、增强加企业的污染治理水平、增进社会分工，而且可以紧紧将生态文明建设理念贯穿到经济社会发展的许多层面。在政策推动上，做好几个主要方面的工作：一是实行部分核查职能转移。行业协会牵头、环保市场主体（环境事务所）参与的环保核查审计与政府审查分离后，应将适宜由行业协会承接的行业管理与协调、社会事务服务与管理、技术和市场服务等职能或者事项委托给行业协会，国家环保行政主管部门制定规则，行使监督管理职能。二是独立承担法律责任。行业协会根据法律、法规、规章、行业协会章程、行业规范和惩戒规则，对会员进行自律管理，独立承担行业自律核查的法律责任。国家环保行政主管部门支持行业协会依法独立开展活动，对行业自律核查进行监督审查管理，重在形式审查和信息公开，有效实现政府监管核查。三是实行评核分离。从体制上逐步设计环境审计师制度，与现有环评制度分离，独立开展环保核查审核，防止评核一体影响公正、形成制度垄断，给行业协会等合法社会中介组织弥补环评机构所起不到的作用。鼓励引导行业协会组织具备环境工程设计、承包、营运资质的机构组织开展核查，先行填补这一缺口，并按照"行业自律与政府监管相结合，培育发展与规范并重"的原则逐步规范运作。四是引入市场化推进。鼓励市场化竞争、坚持去行政化，防止形成"第二政府"。在行业自律核查中引入第三方核查机制，为企业提供专业化环保服务，政府仅对环境事务所出具的环保核查审计报告进行抽查与公示，

以契约约束各自的权利与义务,扩展社会监督,体现公平正义,发现问题即取消其从业资质,促进环保核查审计市场公正公平的自律规范体系建立。五是进行改革试点、逐步推广。在经济发达、环保管理先进的省份先行试点,全面开展钢铁、水泥、电解铝、平板玻璃、船舶等重点行业环保核查工作,以点带面,通过环保核查促进企业环保水平提高,促进行业整合,激发市场主体创造活力,增强经济发展内生动力,有效化解产能过剩危机。

探索环境管理新方法

"十一五"污染减排工作在摸索中前行，在党中央、国务院的领导下取得了重要进展，打开了环境保护工作新局面。在科学发展观的指引之下，环境保护必将成为我国未来经济社会发展的重要组成部分。"十一五"污染减排工作只是万里长征的第一步，如何在未来经济社会发展当中做好污染减排工作，我们应当勇于探索，结合中国国情，结合国内外已有的实践经验和科研成果，走出一条具有中国特色的环境保护道路，为全球环境保护事业做出独特的贡献。

一、污染减排行政审计

污染减排行政审计是适应当前环境形势和污染减排任务而形成的一种新型环境管理手段，它把审计理论有机地与污染减排监督管理结合起来，运用审计方法评估污染减排成效，建立自上而下的监督管理机制，是对我国审计和环境政策的重要创新。建立减排行政审计制度为进一步理顺污染减排工作体制，完善污染减排绩效的综合考核机制起到重要推动作用，是深入学习实践科学发展观的一个重要成果，也是环境管理上的一次新的尝试。

（一）污染减排行政审计是对传统审计理论的创新

1. 环境审计

审计是社会发展到一定阶段的产物，它是源于经济监督的需要而建立的一种社会监督手段。随着审计理论的不断发展，它早已超越了查账的范畴。审计工作已经涉及对各项工作的经济性、效率性和效果性的查核，正不断地从单一的经济性审计为中心向工作绩效审计延伸。作为传统审计理论发展的高级阶段，环境审计的发展趋势也是从财务审计、合规性审计走向绩效审计。

国外环境绩效审计理论和方法发展的较快，已经初步形成了对项目经费、效益、管理体系、政策等多领域的审计体系。最高审计机关国际组织制定的《从环境视角进行审计活动的指南》指出，环境绩效审计内容包括对政府监督环境法规合规情况的审计、对政府环境项目的效益进行审计、对其他政府项目的环境影响进行审计、对环境管理系统的审计、对计划的环境政策和环境项目进行评估等。尽管我国已经开始在环境审计中尝试做绩效方面的评价，但主要以环境保护资金为载体，绩效审计内容限制在资金使用合规范围内，与国外环境绩效审计相比，不论是在内容上还是方法上都存在较大差距。

2. 污染减排行政审计

污染减排行政审计是对传统审计理论的创新和应用领域的拓展，是结合我国当前污染减排和环境管理的需要，以及审计理论的发展趋势，为加强污染减排行政管理而形成的一种全新的环境管理措施。它是受托经济责任发展到受托经济和环境责任并重时产生的，具有显著的时代性和阶段性，同时它具有明显区别于传统审计的新特性，是对传统审计理论和方法的创新与发展，代表了环境审计与绩效审计的交叉与共同发展趋势。传统财务审计主要是对受托经济责任履行状况的控制，对财务报表、财务数据是否遵循法律法规的合规性进行检查、鉴证，减排行政审计是在绩效审计的经济性（Economy）、效率性（Efficiency）、效果性（Effectiveness）基础上，注重环境性（Environment）这个非经济因素，并结合国家污染减排的现实需要，由环境保护行政主管部门综合考虑以上四种因素，来评价、监督、鉴证地方政府和相关部门开展污染减排责任落实和履行状况。

减排行政审计是绩效审计在环保领域的应用，是根据我国现实环境管理需要而提出的新型环境管理手段，它运用审计的方法形成自上而下的监督管理机制，对各级政府污染减排工作进行评价和判定，及时向国务院反馈各地污染减排工作的进展，便于中央领导及时把握污染减排的进度和难点，准确做出决策，同时也向各级政府通报审核结果，便于地方掌握工作不足，有针对性地解决污染减排工作中的障碍。可以说，污染减排审计制度的提出，既是审计理论的创新，也是环境管理措施的重大突破。

（二）我国污染减排行政审计的基本内涵及特征

污染减排行政审计是在我国提出"十一五"节能减排约束性指标的大背景下产生的，尽管它采用的方法与其他环境绩效审计相类似，但其基本内涵和特征都有了很大程度的扩展和延伸，与之相对应的工作内容和管理方式也需要做出适度调整。因此，准确把握我国减排行政审计的内涵与特征，是深入开展和执行这项制度的关键。

1. 污染减排行政审计的核心目标与基本内涵

污染减排行政审计是在污染减排的背景下提出的，是为污染减排服务的一套监督管理制度，它核心目标就是保障不同阶段污染减排目标按时保质的完成，确保各级污染减排责任履行的公正、合法和效益。

污染减排行政审计的基本内涵是围绕着核心目标确定的，财务审计并不是其唯一目的，而环境合规性审计和环境绩效审计才是其重点。这是一套由上级环境保护行政主管部门，依照法律法规和相应的污染减排计划对下级地方政府围绕污染减排建立的环境管理系统，要求地方政府和相关部门在保障经济稳定健康发展的同时，对污染减排责任完成情况进行监督、评价和鉴证。它监督地方政府为主的责任主体对受托环境责任，即污染减排计划的履行，评价和鉴证其受托环境责任的履行状况，同时对地方政府提出的有关环境管理问题提供咨询，从而实现对地方政府污染减排责任履行过程控制的一种活动。因此，减排行政审计又是一种行政控制活动，即环境保护行政主管部门对地方政府为主的责任主体受托污染减排责任履行状况的控制，其目的在于保证受托污染减排责任全面、有效地履行。

2. 污染减排行政审计是对污染减排的全过程管理

与一般性审计相比，减排行政审计更强调对污染减排的全过程进行监督管理，既包括传统审计的准备、实施和报告三个阶段，还增加了后督办这一后续审计程序。后督办制度是减排行政审计的一个重要环节，也是实现污染减排全过程管理的关键，它要求在工作审计完成后，上级环境保护行政主管部门根据需要，适时对地方政府以及相关部门的整改工作进行回访和再评估，就当初提出的审计意见和建议的执行情况、执行效果进行追踪核查，审核整改工作的落实情况，对于整改工作滞后的地方和部门，将按照有关规定给予通报和相应的行政处罚。

运用减排行政审计实现对污染减排的全过程管理，形成了数据统计、评估、审核、指导、后督办等一系列监督管理办法，不仅有助于各级政府准确把握污染减排动态，及时做出政策调整，同时加强了中央对各级政府污染减排工作的管理和指导，督促地方政府和相关部门根据审计意见制定整改方案，并通过后督办的方式促使地方政府将审计意见、改进措施得到更有效的执行和落实。

3. 污染减排行政审计的执行主体与对象

根据《中华人民共和国环境保护法》和《国务院节能减排综合性工作方案》的规定，减排行政审计执行主体为环境保护行政主管部门，它根据国家有关法律法规的要求，对全国和区域的污染减排工作进行审计，科学准确地评判各地污染减排任务的进展和存在的问题，并上报国务院或上级政府，协助政府领导做出重要决策，确保污染减排任务的顺利完成。《国务院节能减排综合性工作方案》明确指出，"地方各级人民政府对本行政区域节能减排负总责，政府主要领导是第一责任人"。因此，减排行政审计的主要对象是各级地方政府，审计的重点是地方是否按计划完成污染减排的任务，以及地方政府为实现减排目标制定的管理措施、重点项目建设、资金投入等情况，是否具备保障减排任务完成的物质和技术基础等。

4. 污染减排行政审计的核心工作内容

围绕着减排行政审计的核心目标和基本内涵，它的工作内容主要包括以下几方面：一是对地方政府污染减排任务完成情况的审计，核定是否按照计划和要求完成各阶段减排目标。二是对地方政府执行环

污染减排行政审计

境法规，保证污染减排计划完成情况的审计，就是检查地方政府有效使用其法律授权和行政职能手段，督促排污企业遵守环境法规，完成污染减排计划的效率和效果。三是对环境项目的经济效益进行的审计，其主要对象是政府为主导和企业负责的减排项目及生态建设项目。四是对环境管理系

统的审计,主要包括环境管理机构的设置合理性及工作有效性、环境管理制度(包括国家相关法律法规)的有效性和执行程度、环境规划决策的科学性、审查环境报告披露环境信息等。

(三)污染减排行政审计的基本工作路线与机制

污染减排行政审计的基本工作路线是依据全过程管理的思路,贯彻减排行政审计的核心目标、基本内涵和主要工作内容,结合已有污染减排统计、核查、预警等制度,综合运用审计理论、方法健全绩效评价体系,形成一套规范的操作程序和工作方法,建立自上而下的监督管理体制。

1. 污染减排行政审计的统计制度

统计制度是污染减排行政审计的基础,是保证污染减排绩效评估客观公正的关键。按照一般性审计方法,受审计机构需按照规定向审计机关上报所需数据, 审计机关可依据上报数据对受审计机构的工作进行合规和绩效审计,同时它有职责对上报数据的真伪和偏差进行审核。减排行政审计也应遵循这一程序,要求各省级政府环保部门对各地环境统计数据进行计算,上报国务院环境保护主管部门进行复核,同时应结合环保方面的特殊性,对重点污染源和非重点污染源采取不同的调查统计方法,保证数据的准确性和可得性,要建立完善污染减排统计数据质量保证体系,对上报数据的真伪和偏差进行复核,确保统计数据的真实性与客观性。

2. 污染减排行政审计的绩效评估制度

绩效评估制度是污染减排行政审计的核心,是客观评价各级政府污染减排责任落实情况的关键。减排行政审计的主要工作都是在绩效评估这一阶段完成的, 它根据审计目的确定工作的指标、范围、重点、步骤,对收集的数据进行分析评价,科学合理地选择评价方法,重点核查工程减排、结构调整和监督管理减排措施的落实情况,以及对减排项目、措施的实施情况与完成的削减量的真实性和一致性进行核实,并最终形成审计结论。

污染减排行政审计的绩效评估制度是建立在科学的指标和评价方法之上的, 它的核心指标就是排放量, 重点评价各级政府是否按照计划完成总量减排目标,辅助性指标包括法规制定、能力建设、经济环境效益等,主要评价是否具备完成减排的能力和产生的社会效益,是为核心指标服务的参考性指标。

3. 审计结论的报告与公开制度

审计结论的报告与公开制度是减排行政审计的必要程序，是保证中央把握污染减排形势和公众环境知情权的关键。《国务院批转节能减排统计监测及考核实施方案和办法的通知》规定，国务院环境保护主管部门于每年5月底前将全国考核结果向国务院报告，经国务院审定后，向社会公告。同时，按照相关规定，环境保护部将各地污染减排工程设施建设、运行及淘汰落后产能情况向社会公布。

污染减排行政审计结论的报告与公开制度是审计结果应用的一个重要途径，一方面保证国务院对污染减排形势和进展有了准确的把握，便于领导决策和解决难点问题，另一方面加强了污染减排的公众参与，使群众了解到减排的工作和成绩，增强了社会监督能力，从根本上保证了减排行政审计的公开、公平和公正性。

4. 污染减排行政审计的后督办制度

后督办制度是污染减排行政审计的保障，是加快审计结论落实的关键。后督办制度主要针对污染减排任务没有按计划完成的地区和政府，对于没有通过减排行政审计的地区，除按程序上报审计结论外，地方政府需按要求制定可行的整改方案，落实责任，安排减排工程，完善相关管理等，以解决制约因素完成减排目标。后督办的核心任务就是对地方的整改情况进行再评估，检查地方的整改成效，核定是否完成减排目标，判定是否具备完成减排目标的软硬件能力等。

污染减排预警制度是后督办制度的一个重要组成部分，在判定地方现有状况下无法完成减排任务，或不具备按期完成减排任务能力的情况下，可适时地启动预警机制，向该行政区政府发出预警并上报国务院。此外，后督办制度还应与干部政绩考核、行政处分等措施结合起来，逐步建立一套保障减排行政审计执行的监督管理机制。

（四）推行污染减排行政审计的保障机制和政策建议

污染减排行政审计是一个全新的环境管理措施，是在已有的一些污染减排制度基础上建立起来的系统管理方法，但它的内涵和操作方式都很大地扩展了环境管理的范畴，是结合我国国情和现实需要对审计和环境政策的创新。作为一个新生事物，减排行政审计的发展和完善需要多方面的保障，只有不断地加强相关法律、机制、技术等方面的建设，才能逐步建立成为一种规范的环境审计制度。

1. 奠定污染减排行政审计实施的政治保障

稳步推动污染减排任务按计划完成不仅关系到我国国际形象，而且是关系到经济发展模式转型、和谐社会建设的战略性政治问题。作为推动全国污染减排工作的重要考核评价制度，减排行政审计的建立与完善，需要各级领导的高度重视，把它作为保障污染减排任务完成的政治任务来推动，积极协调各级政府和相关部门落实工作，为减排行政审计的实施奠定坚实的政治保障。同时，要坚定不移地以科学发展观统领减排行政审计工作，充分调动各方力量和借助一切有利条件来完善制度，要将减排行政审计与各级党政领导政绩考核结合起来，加强对领导干部落实减排任务的考核与监督。

2. 完善污染减排行政审计的法制建设

污染减排行政审计是新提出的环境管理措施，还没有相关的立法予以规定，但减排行政审计的目标和对象决定了它的推行必须要有法律作为基本的保障。因此，应该尽快开展减排行政审计的立法研究工作，在《水污染防治法》《大气污染防治法》或相关条例的修订过程中写入减排行政审计有关的内容，明确其法律地位和管理体制。环保部可联合有关部门出台减排行政审计的管理办法，对减排行政审计的程序、操作方法等方面做出明确规定，指导环保和相关部门有序开展相关工作。

3. 逐步健全污染减排行政审计的体制保障

污染减排行政审计属于交叉型的政策，它是运用审计方法加强污染减排管理，但从行政职能划分来说，污染减排和审计分别归环保和审计部门主管。因此，要推行减排行政审计，首先，必须加强环保与审计部门间的合作与协调，合理划分二者在减排行政审计中的职责，对于减排行政审计范畴内的减排任务完成绩效的审计工作，可由环保部门来完成，而对于项目资金合规审查和财务审计依然由审计部门开展。其次，作为减排行政审计的主要执行机构，环保部门也要尽快理顺内部关系，明确部门职责，建立工作机制，为减排行政审计的实施提供体制和机构保障。

4.加强污染减排行政审计的基础研究和技术支撑

污染减排行政审计是一门全新的交叉学科，相关的研究非常薄弱，也缺乏足够的研究机构提供技术支撑。减排行政审计的建立和完善是一个非常紧迫和繁杂的工作，在体制机制建立、法制建设等方面都有大量的基础性工作要做，非常需要专业的研究机构和人员开展相关的研究工作。因此，国家应安排专项研究经费，组织和支持有关部门和机构开展相关的研究，力争尽快建立一支专业研究队伍，提高减排行政审计理论和方法的研究能力，为减排行政审计的制度完善提供足够的技术支撑。

二、排污权交易制度

排污权交易制度最早由美国经济学家提出，现已发展成为许多国家的一项重要环境经济政策，是运用市场机制削减污染的重要手段，而且正在用于全球温室气体的减排合作。随着我国环境管理改革的推进，以及污染物排放总量控制和节能减排战略的实施，利用市场机制实现环境容量资源高效配置的排污交易政策手段也日益受到各级政府部门的重视，并在不同层面上开展了试点和探索。

排污权交易

（一）排污权交易制度发展现状

1.基本情况

排污权交易是社会发展过程中环境资源商品化的体现，是通过一系列以环境容量为客体的权利形态的转换，而实现的排污许可证制度的市场化形式。

排污权交易机制的有效运行，需要具备一系列基本条件：参与交易的排污配额指标的污染物必须是可以使用排放总量控制政策、具有均质混合扩散特点的污染物，如 SO_2、温室气体等；污染物必须要有明确而适宜的总量控制目标要求；要有明确的交易具体范围；要保证分配方法的科学、合理、公平；污染物排放总量指标必须落实到污染源；政策实施的区域和行业范围必须明确；要具备配套的污染源排放跟踪监管能力和交易管理平台；要有必要的法律法规准备，有法可依。排污交易制度也要处理好与环境影响评价、排污收费等相关政策的关系，在已有的环境政策下考虑政策设计，并强化政策的组合效应，增加排污交易政策的效力。

排污权交易一般应有两个市场体系。一级市场是基于公平目标的排污配额指标分配。其政策目标是落实总量指标，合理设定"增量"，公平地分配初始排污权，建立政府主导的一级市场。由于环境资源产权属于国家，从国家的角度讲，初始排污权的出让应该体现权益，应该获得资源权益金或者出让金，对企业来说，初始排污权的获得则应该缴纳资源租金。二级市场是基于效率目标的环境容量资源配置。排污配额的自由贸易和流通是排污交易的二级市场，是提高污染物排污权（有偿）取得一级市场分配效率的重要措施。二级市场并不是一级市场建立的前提条件，二级市场旨在提高减排效率，降低污染减排的全社会成本。

2.排污权交易的国际动态

在全球层次，排污权交易机制主要是用于碳排放贸易。《京都议定书》规定的有效减排温室气体的三种履约机制：清洁发展机制、联合履约机制和碳排放贸易减排机制，在本质上都属于排污交易的范畴，是在明确温室气体总量减排的目标下，通过交易行为来最大限度地降低全球碳治理的经济成本。

利用排污交易政策手段实施污染物治理，在国外主要是在美国、加拿大等发达国家得到了广泛、有效的运用。美国是排污交易制度的发源地，早在 1976 年美国就推行了该政策，旨在推动电力企业 SO_2 减排以及促进电力企业加快技术革新。1990 年美国修改《清洁空气法》时将排污权交易在法律上制度化，由此大气污染物的排污权交易制度日趋完善，排污交易政策得到成功应用，真正形成了以市场为导向的排污交易机制，实施范围也涵盖了全美国。排污交易也得到了进一步推广，政策标的物包括了 SO_2、氮氧化物、汞、臭氧层消耗物（CFCs）等。美国大气污染物排放交易是迄今为止国际上最广泛和最成功的排污权交易实践，该政策有力促进了美国大气环境质量的改善，也降低了大气污染削减的社会成本统计数据显示，从 1990 年到 2006 年，美国电力行业在发电量增长 37% 的情况下，SO_2 排放总量下降了 40%，NO_x 排放总量下降了 48%。主要污染物排放量的大幅度削减，使得美国中西部和东北部大部分地区湿硫酸盐沉降较 1990 年水平下降了 25% ～ 40%。

除了大气污染物排污权交易，美国在一些流域也探索了水污染物排污权交易，既有点源—点源交易实践，也有点源—非点源交易和非点源—非点源交易案例实践。但总体上看，美国的水污染物排污权交易还处于探索阶段。水排污权交易在理论上有不少优势，但没有完全将理论上升为实践，大多数交易项目中的交易数量还比较有限，而且多是在政府的干预下进行，总体的市场规模比较小，也谈不上由市场来操控交易。

除美国以外，排污权交易目前还只是在一些市场经济发达的国家，如德国、澳大利亚、加拿大、英国等开展了实践，且都不同程度地借鉴了美国的排污权交易制度。

（二）我国排污权有偿使用和交易试点工作进展

主要污染物排污权有偿使用和交易是建立污染减排长效机制的重要内容。我国早在 20 世纪 90 年代初期就进行了排污交易试点探索，借助中美环境合作项目及亚洲开发银行的合作项目，先后在太原市、南通市等开展了排污交易的实践，积累了一定经验。自 2007 年以来，环保部和财政部联合开展了国家级的排污权有偿使用和交易试点项目，截至目前，环保部和财政部已先后联合批准在江苏省太湖流域、天津市滨海新区和浙江省开展主要污染物排污权有偿使用和交易试点。

　　最早开始试点的江苏省在思想认识、理论基础、法规政策和平台建设等方面都取得了阶段性进展：一是夯实了理论基础，通过理论研究，基本建立由排污权初始价格、排污付费价格、治污收费价格和环保服务价格组成的环境价格体系理论。二是完善了法规政策，江苏省人大常委会审议通过《江苏省太湖水污染防治条例（修订）》，在全国率先为主要水污染物排放指标初始有偿分配和交易制度提供法律保障，省财政厅、环保厅联合印发了《江苏省太湖流域主要水污染物、二氧化硫排放指标有偿使用收费办法》（2008 年 4 月 1 日实行），明确规定 COD、SO_2 初始排放指标收费价格分别为 4 500 元 /（吨·年），2 240 元 /（吨·年）。三是强化了技术支撑，建立了技术设计组和交易平台建设组，制订试点工作方案与平台建设实施方案。四是完善了配套措施，通过提高污水处理费与排污收费标准，加强自动在线监测能力、建设太湖湖体蓝藻预警监测系统等措施，为排污交易提供条件。

　　浙江省排污权有偿使用和交易试点虽然获得环保部和财政部联合批准的时间不长，但嘉兴、杭州、绍兴等市（县）已先后开展了排污权交易试点工作。省环保厅先后提出了《浙江省推行排污权有偿使用和交易制度的总体框架》《浙江省主要污染物排污权有偿使用和交易办法（讨论稿）》和《关于组建浙江省排污权有偿使用和交易管理中心的可行性报告》，为开展排污交易奠定了基础。嘉兴市是最早开展排污权交易试点工作的城市，2007 年 9 月，嘉兴市政府印发了《嘉兴市主要污染物排污交易办法（试行）》，成立了嘉兴市排污权储备交易中心，全面开始实行排污权交易制度。经过几年的摸索，交易中心完成交易 41 笔，受让 9 笔，出让 32 笔，总交易额达到 3 590 多万元。杭州市、湖州市也不同程度开展了排污交易前期准备工作。杭州市在全国率先出台了《杭州市排污权交易条例》（2008 年 6 月起开始实施），该条例授权市政府进行配额分配，制定排污交易制度；统一核定所有重点污染源的主要污染物排放许可量，以许可证形式分级下发。湖州市制定了《湖州市主要污染物排污权交易暂行办法（征求意见稿）》，初步形成了一套包括交易污染物界定、有偿使用与交易主体界定、初始排污权分配和核定、排污权定价、排污权购买、排污权收购、排污权储备和收回、排污权交易收益以及不同来源排污权替代等十个方面的工作框架。

2008 年 5 月，天津市产权交易中心、中油资产管理有限公司、芝加哥气候交易所三家单位联合筹建天津排污权交易所，交易的污染物不仅涉及 SO_2、COD 等传统污染物，而且还涉及温室气体排放权、经济生产发展机制技术等。随后，制定了《天津滨海新区开展排放权交易综合试点的总体方案》。2008 年 9 月，天津排污权交易所正式成立，并成功地进行了 SO_2 排放指标的拍卖和交易。

除此之外，湖北、湖南省也开始进行排污权交易的探索，目前全国已经有 12 个省（自治区、直辖市）启动了排污权有偿使用和排污交易试点，设立了北京环境交易所、天津排污权交易所、上海环境能源交易所、江苏排污交易所、浙江排污权交易所、嘉兴排污权储备交易中心、湖北环境资源交易所、长沙环境资源交易所等。

结合全国污染减排工作，在总结各地试点工作的基础上，环保部组织起草了《火电行业二氧化硫交易管理办法》《国家水污染物排放权有偿使用及易技术指南（试行）》和《主要水污染物排污权有偿使用和排污交易管理办法（试行）》等文件，开发了"火电行业二氧化硫排污交易管理平台"系统，在为各地试点提供技术支持的同时，攻克了一些排污权交易实施中的关键难点问题。

（三）试点中存在的问题及下一步工作思路

1. 存在的问题

确保国家的政策配备能够激励市场上有足够规模的剩余排污指标流通，是真正建立和持续运行排污交易市场的关键。否则，市场上可以出售的剩余排污指标很少，只有排污交易的买方而无卖方，就会出现"零供给"排污交易市场困境。目前，排污权有偿使用和交易试点工作，在制定排污交易的管理制度、运行机制等方面已经取得了一些经验，但由于该政策体系本身仍不够合理、配套体制机制不完善等原因，也暴露出许多问题，主要体现在：

（1）支持排污交易的法规不足

排污权有偿使用是排污交易与排污许可证、总量减排等工作密切相关，但目前，《环境保护法》《水污染防治法》都没有明确开展排污权有偿使用和排污交易的法律地位，《排污许可证条例》也始终没有出台，因此地方在开展排污权有偿使用和排污交易工作中都缺乏法律依据，若企业予以抵制，该项工作将无法开展。

（2）可交易的总量资源不足

目前，各地排污交易仅限于点源和点源之间的交易，但随着总量减排工作的深入，可交易的总量越来越少。如嘉兴市年内要完成国家规定的减排任务，按照"以新带老"规定，所有建设项目新增 COD 必须以 1：1.5 的比例进行指标替代，按照这种管理要求，企业更倾向于为自身发展预留总量。照此趋势，再过 10 年，可交易的总量资源将枯竭。

（3）配套政策还很不健全

排污交易工作还涉及排污权资产的有形无形问题、试点交易中心、出让和受纳排污指标的企业如何进行计税、纳税问题、排污权如何进行财产抵押问题、排污权折旧问题、排污权作为资产与企业污染减排之间的关系问题，都亟须配套政策予以明确和规范。

（4）监测监管能力不足

现有监管能力难以满足排污权有偿使用与交易政策的要求。一是许多地区的监测能力、监管能力尚不能达到该项政策所需的条件。二是现行的污染源自动监测系统与断面自动在线监测系统的数据准确性尚有待提高。三是现有污染物排放总量的计算精度和频率难以满足排污交易工作的要求。

2. 下一步工作思路

下一步，在深入总结排污权有偿使用和交易试点工作的基础上，提出近期工作思路如下：

（1）完善法律法规，明确排污权交易法律地位作为开展排污权交易重要法规的《排污许可证条例》已列入《国务院 2009 年立法工作计划》《排污许可证条例》初稿已经形成，《排污许可证条例》中将明确排污交易相关事项，以改变排污交易缺乏法律依据的现状。待《排污许可证条例》出台实施后，再针对性地出台《排污权交易管理办法》等配套政策，为排污权交易工作开展奠定法律基础，为地方政府的实践提供法律保障。

（2）督促地方工作开展，有序推进排污交易进展。环保部将积极开展工作，督促和支持江苏省、天津市、浙江省、湖北省、湖南省开展好排污权交易有偿使用和试点工作。同时，在试点的实践中，突出重点，近期以电力行业 SO_2 和流域 COD 排污交易为重点，并逐步扩大排污交易范围，探索非电行业 SO_2，大气污染物氮氧化物，水污染物氮、磷等排污交易试点。

（3）统一初始排放量计算口径，加强在线监测能力建设，将在以污染源普查的基础上，根据普查数据，统一初始排放量计算口径，为排污权初始有偿分配提供权威的统计数据。同时加强在线监测能力建设，提高在线监测系统数据的准确性，为排污交易提供有效的技术保障。

（4）加强统一指导，完善配套政策研究。鉴于目前各地开展排污交易的实际情况，一方面鼓励地方根据自己的实际情况，因地制宜地开展排污交易；另一方面也要根据各地执行情况，及时总结经验，加强排污权有偿使用与交易的配套政策研究，尽快解决困扰地方的税收、产权等关键问题。同时，针对不同层面的需求组织培训，促进排污交易工作的有序开展。

三、开展第三方监管制度试点

（一）"第三方监管"制度的发展状况

将"第三方监管"理念引入环境监管体系是各国在环境保护工作中的共识。美国、德国、日本等环境保护工作开展时间较久、成果较好的国家已将第三方成功引入环境监管之中，并

第三方监管

取得了一定的成绩。在我国，"第三方监管"制度尚处于起步阶段，在理论与实践上都还有待进一步的完善，不过已有一些省市开始将这项创新应用于本地的环保工作中，积累了一定的经验。"第三方监管"是由独立于利益双方之外的第三方对社会事务进行监督、管理，是现代管理体系中的重要组成部分。在金融行业、物业管理、建筑工程、食品安全等诸多领域都起到了重要作用，有效保障了资金安全，推动了社会事务的稳步发展。

在环境保护领域，同样可以引入"第三方监管"的理念。政府不可能包揽环保工作的方方面面，许多事务需要也应该借助社会力量，由相对独立的"第三方"进行。

（二）"第三方监管"理念引入的社会背景

环境监管是国家为保护环境采取的一系列监督管理措施，是环保工作的宏观指导体系。在我国，环境监管主要由环保部统筹规划，包括区域环境监管、行业环境监管等具体模式。

环境保护部是环境保护的重要部门，对整体环境工作进行统筹安排，制定相应的政策措施，在宏观角度把握环境的整体走向。而具体的监督、管理工作则需要其他机构的大力配合，如果将环保工作的方方面面全部摆在环保部的工作桌上，恐怕会带来一系列的问题。一方面，分散了原本应全力统筹规划的工作时间和精力，另一方面，如果要进行具体的监管工作，就必然需要一支专业化的环保团队，需要大量环保、审计方面的专业人员，及大量的办公机构、办公设备等，这必然会给政府预算带来极大压力。

区域环境监管是传统型的监管模式，由地方各级人民政府，采取措施改善环境质量，对本辖区的环境质量负责。以地方政府为主体，有利于相关制度措施在本地区的推广实施，但以区域的行政划分作为管理的职能范围，也导致了跨区域的环境问题难以得到行之有效的解决，加上事业部门繁杂的办事程序等弊端，给排污减排工作带来了一定的挑战。

行业环境监管，顾名思义，是以行业为划分标准，由各行业自身对行业内部的环境进行监督管理。可见，行业环境监管解决了跨区域污染问题，但同时也带来了新的弊病。治污减排是一个多领域、多行业共同配合的工作，在监管过程中，各行业均从自身利益出发，争取实现行业内部的资源最优配置，这就不可避免地会对其他行业造成再次污染的风险，如果没有一个行之有效的统一规划领导，那么行业环境监管就会陷入力不从心的尴尬境地。

从以上论述可见，这种行政部门对企业进行直接监管的模式有诸多弊端。职能划分模式导致出现各自为政的现象，彼此配合度不高也会带来片面性的环保效果。另外，臃肿的管理体制使得政府环境监管的成本不断增加，僵化的行事作风、可能的腐败弊案也都降低了政府环境监管的效率和质量，因此，将"第三方监管"理念引入环保监管体系势在必行。

（三）"第三方监管"制度的基本内涵

在环境保护领域，"第三方监管"制度是指由独立于政府和企业之外的第三方，按照政府委托，组建专业的团队，运用科学的环保监测方法，对企业的污染减排情况进行有效监督，开展对减排全过程的不定期检测，以保证节能减排工作的质量与力度，推动环保事业发展。

在"第三方监管"的理念中，第三方是相对于第一方——政府，第二方——企业之外的具有较强专业性、组织性、公信力的非政府组织，主要是指以环境监管为主业务的营利性企业。旨在举全社会之力，解决政府部门的难题，调整监管者和被监管者的冲突。

"第三方监管"理念的引入，遵循了政企分开的原则，明确了环境监控任务的执行机构，权责分明。政府为第三方提供必要的技术及资金支持，并予以一定行政权限，使得第三方与被监管企业没有直接利益关系，独立核算、自主经营，使得第三方在政府与排污企业的博弈之间具有独立、超然的地位。这种监管模式既使得政府不必再耗费大量人力、物力、财力维系冗杂的监管执行机构，减轻政府的行政成本，也促使企业更加注重污染治理工作的开展，避免了一些排污企业只做表面功夫，用虚假完美数据达成减排指标的弊端。同时，作为公权力与私权利之外的第三方，还可为两者搭建沟通的桥梁，使得政府在制定具体的环境政策法规时充分考虑企业的技术水平和承载能力，也让企业对政府的具体工作意图有进一步的深入了解，有利于双方工作的顺利进行，大大提高了环境监管工作的效率性和透明度。

（四）推行、完善"第三方监管"制度的建议

在现阶段，全面推行"第三方监管"制度还有诸多的问题需要解决，很多具体规定和措施还有待于在实践进一步检验和完善。若想要达到预期的理想效果，必须搭建起相应的健全的配套体系，综合来说，要把握好以下几点：

1. 加强第三方的独立性

第三方的独立性与公信力是"第三方监管"制度存在的基石。只有拥有绝对的独立与公正，才能真正解决我国环境监管遇到的难题。为保障第三方能够独立、客观、自主地进行环境监管，政府部门必须为第三方提供诸多支持：

首先，提供资金支持。政府可根据以往经验，并与审计部门配合，计算成本收益比，由政府财政直接提供监管所需资金，保证第三方在财权上的自主性，从而避免第三方与被监管企业"合同作战"的不利局面，规避贪污腐败的弊病。

其次，提供制度支持。第三方作为监管的直接执行部门，难免会遇到被监管企业的责难或不配合，因而需要政府部门为第三方提供制度上的保障，授予其一定的权利，可通过签订正规合同等方式保障双方利益，同时明确规定政府部门扮演的角色，不越位、不强制。

最后，还应提供一定的技术支持。不仅仅包括传统意义上的监管技术，还要与第三方加强沟通，使之了解政府部门相关政策措施的执行意图、力度要求、违规处罚等事项。只有全面保障第三方的独立性与公信力，才能不断为"第三方监管"这项创新型制度提供无限的活力和潜力。

2. 强调具体工作的科学性

第三方在监管工作过程中必须坚持科学指导、科学监督、科学评测。这就要求第三方的组成人员必须具备良好的专业素养，过硬的专业技术和崇高的职业道德，因而在第三方的监管工作中，需要组建一支业务能力强的专业化团队，建立涵盖检查标准、分析方法、具体时间安排等在内的一整套完整的制度，对企业排污减排情况进行全方位、全覆盖的监管。

同时，与各项科学的监管制度相配合，建立具体的问责制度，避免流

于形式的检查现象，确保各项工作责任到人，及时发现问题，采取相应措施促使问题的切实解决，并将问责制度作为对第三方进行考核的重要标准，进一步提高监管工作的有效性和科学性。

3. 把握相关各方的制衡性

"第三方监管"制度建立在以独立个体推动环保工作的理念之上，"怎样监管第三方"是该项制度是否能够持续稳定运行的重要因素，正确适度地把握相关各方的制衡性问题自然成为重中之重。第三方拥有政府赋予的绝对话语权和相关行政保障，因而决不能放松对其的监督和管理。具体来说，对第三方的监管主要由政府部门主导，配合以被监管企业和社会公众的监督，第三方自身的自我监督也必不可少。

从政府角度来说，可以采取以下措施：第一，运用相关法律法规、行政规章及与第三方签订的相关合同协议等，对第三方的工作进行监督管理；第二，建立与各项具体工作相配套的评价体系，制定评测标准，以定量评定为基础，结合实际情况定性分析，核定第三方的工作完成程度；第三，引入市场竞争机制，以"优胜劣汰，优中选优"为原则，将本年度第三方的整体工作情况，纳入下一年度的选择、考核体系之中，选择最具专业资质和整体实力的第三方，在考核压力下为推动第三方监管工作的开展。

从企业和社会公众角度来看，被监管企业若对第三方的具体工作存在异议，可采取法律手段维护自身权益，也可向当地的行业协会或环保部门反映情况；社会公众可运用自身的切实体会对第三方进行监督，从维护公民自身利益出发，共同推动排污减排。

第三方自身的"自我监督"则是以杜绝私利为核心，应以诚信为原则，自律、自省、自尊、自强，积极建设职业道德教育、考核体系，全面加强监管团队的专业素养，配合政府部门工作，杜绝"吃拿卡要"等贪污腐败现象，定期或不定期地听取被监管企业及相关政府部门的意见和建议，不断改进工作方法，提高自身的企业形象，完成具体监管任务。

（五）建立"第三方监管"制度需注意的问题

齐心协力共同推动环保工作

1. 加强各部门的配合力度，共同推动环保工作发展

"第三方监管"工作的开展需要政府、企业、社会公众、第三方等多方的积极配合；需要司法部门、行政部门、环保部门，乃至教育部门等多部门的共同合作。

"如何在完成国家排污减排任务的前提下，推动企业发展，维护多方利益"成为相应标准制定的核心难题。这就需要统计部门加快步伐提供行业发展的具体数据资料、财政部门严谨预算提供及时适宜的资金支持，环保部门深入实际规划切实可行的环保蓝图、监管部门实事求是采取科学的监控方法等，只有各部门密切配合、协调一致，才能以宏观视角，从具体细节入手，推动监管工作的有序、有效开展。

2. 完善各项具体法规，提供有力的司法保障体系

司法保障和司法监督是第三方监管工作能够顺利开展的重要前提和保障，在环境法指导下制定的各项具体规章也是开展监管工作的重要依据。

第三方监管工作的开展，需要全方位、全过程的法律体系予以保障。从横向角度来说，需要在环境保护的每一个领域，都有一个行之有效的具体规章，以此作为具体评测工作的标准；纵向角度看，从中央到地方的各级环保部门都需要有明确的职责权限，各司其职，避免越权和过分干预，为第三方的监管工作营造良好的氛围。

在"如何监管第三方"的问题上，同样需要具有强制力和高效性的法

律规章来保障各方利益，政府部门要凭此加强对第三方的监管，对违规者进行不同程度的惩罚，第三方也需要借助相关法规维护自身利益，运用法律武器为监管工作护航。

总体来看，第三方的介入可以推动环境监管工作更具科学性、效率性、专业性、参与性和开放性，不仅降低了环境监管的成本，还大大推动了法制建设的步伐。不断探索一条政府、企业、公民、市场全面配合、共同治理之路，促使政府与市场的良性互动，加强公民的主人公意识和社会责任感，在以人为本的前提下推动环保工作稳步开展，是亟待创新和突破的一项工作。

大气治理需借"他山之石"

为了学习借鉴美国区域空气质量管理经验，环保部组团访问了旧金山湾区空气质量管理局、加州空气资源委员会、美国环保局（EPA）等，实地参观了加州的相关空气质量监测、VOCs 检测实验室以及位于洛杉矶附近的 BP 公司 CARSON 炼油厂，并听取了 40 余位政府官员、专家和学者的报告。

一、美国治理大气环境历程

"二战"结束至 20 世纪 70 年代，是美国社会经济发展的黄金时期。在此期间，美国机动车保有量爆炸式增长，重化工产业飞速发展，导致大气污染物排放量急剧增加，进而诱发了洛杉矶光化学烟雾事件和多诺拉烟雾事件，导致数百人死亡，上千人患病，造成巨额经济损失。空气污染对公众健康、农业、财产安全都造成了恶劣影响，美国政府开始将其视为一个全国性问题。

首先，立法先行，《清洁空气法》加快了美国空气质量改善进程。美国政府于 1955 年颁布了《空气污染控制法》，开启了联邦空气污染立法的先河。此后，美国国会先后通过了《清洁空气法》《机动车空气污染控制法》和《空气质量法》，奠定了治理空气污染的基本框架。20 世纪 70 年代，美国环保局成立，进入"环保十年"，空气污染治理政策全面实现联邦化。《清洁空气法》1970 年修正案建立了以空气质量改善为核心的大气环境管理框架，将空气质量达标的责任落实到州，成为美国空气质量管理的基石。

其次，调整优化产业结构和能源结构。美国于 20 世纪 30 年代基本完成工业化，一直致力于加快产业结构调整进程。到 2010 年，美国第二产业比重下降到 20%，第三产业比重上升到 79%。此外，在第二产业内部，一直倡导去工业化，鼓励高新技术产业发展，向国外大规模搬迁和转移重污染企业。以旧金山湾区为例，自 1969 年以来，其炼油企业没有新增加炼油布点，原有企业的产能扩张也非常缓慢。伴随产业结构调整，美国能

源结构也在不断优化。与此同时，煤炭使用结构发生了很大变化。20 世纪
中叶，工业是最大的煤炭消费部门，其煤炭消费量超过全美国煤炭消费总
量的 40%，其中用于炼焦的煤炭一度超过全美国煤炭消费总量的 20%；而
用于发电的煤炭不到全美煤炭消费总量的 20%；其他分散用于民用、商业
和交通等部门。到 2010 年，美国用于工业的煤炭量在 1950 年基础上减少
了 2/3，其中用于炼焦的煤炭减少了 3/4；民用煤炭消费减少了 99%，商业
部门的煤炭消费减少了 95%，用于电力部门的煤炭消费量增长超过 10 倍，
电力部门在全社会的煤炭消费总量比例超过了 93%。美国煤炭使用结构的
调整使煤炭消费从分散、难以控制的多个污染部门向集中、易采取高效控
制技术的电力部门转移。同时，针对电力部门不断提出更加严格的污染物
排放控制要求，在煤炭消费总量不断增加的同时，开发污染物控制技术，
高效地降低了污染物的排放量。

　　《清洁空气法》的出台加速了美国空气质量改善的进程。在产业结构
和能源结构调整的大背景下，1980—2010 年，美国主要污染物排放量大
幅削减，污染物的持续减排推动了空气质量的改善。自 2000 年有可吸入
颗粒物监测数据以来，2000—2010 年，PM_{10} 24 小时浓度下降 29%，$PM_{2.5}$
年均浓度和 24 小时浓度分别下降 27% 和 29%。目前，美国已成为世界上
空气质量最好的地区之一，其空气质量改善经验成为众多国家学习借鉴的
典范。

二、美国大气环境管理经验

　　美国大气环境保护的成功经验概括起来有 10 个方面：

　　一是实施分区管理与州以下垂直管理。美国大气环境行政管理分为联
邦、州和地方 3 级，每一层级都具有鲜明特点。首先是美国环保局（EPA）
与各州环保局之间相互独立，但又密切合作。美国环保局出台的各项政策
是以项目及与各个州签订工作协议的形式进行。为确保各项政策的贯彻落
实，美国环保局设立了区域办公室对各州进行监督检查；同时，《清洁空
气法》又出台了多种约束机制，如一个州不遵守 EPA 的管理，那么，这个
州将失去颁发许可证的权力，EPA 也会取消其相应的联邦项目拨款。其次

是州以下实施垂直管理。州环保局派出机构对地方进行监督管理。地方空
气质量管理机构业务经费不受地方影响，因此有强大的自治权，能够摆脱
地方利益的掣肘。最后是地方按照空气域实施分区管理。地方大气环境管
理一般跨越行政边界，在综合考虑地形、地貌、气象、空气流动等因素的
基础上，划定空气域，设立空气质量管理区，实施统一的大气环境管理。

二是以州为单位推进空气质量达标。美国大气污染防治工作最成功之
处，是建立了一套基于空气质量的管理体系。美国环保局根据各地的空气
质量状况是否达到国家环境空气质量标准，划定达标区和未达标区，并根
据不同的区域类别，要求各州制定和实施不同的州实施计划。对于州实施
计划难以达到空气质量标准要求的，美国环保局有权要求各州重新修订，
提出更加严格的环境准入或减排措施。对于未按要求提交州实施计划的，
美国环保局将实施严厉的处罚措施，促使其最终达标。

三是通过区域联防联控，解决州际间污染问题。美国控制 $PM_{2.5}$ 污染，
不仅从各州达标入手，还强化了区域的联防联控，着力消除大气污染物的
州际传输影响。从国家层面建立了区域联防联控工作机制。美国环保局可
直接设立或应州长请求设立包含相互影响各州的污染传输区域。评估大气
污染物跨州传输影响的程度，制定减轻州际间相互影响的策略，指导传输
区域内各州修正州实施计划，增加控制污染物传输的措施，制定区域性减
排规划，落实不同区域内不同行政区的减排责任。最近生效的《跨州空气
污染条例》，实施范围涵盖东部 28 个州和哥伦比亚特区，强调了上风向
州的污染传输责任，上风向州必须减少更多的 SO_2 排放，以消除对下风向
州空气质量的影响。

四是制定技术标准，最大限度削减污染物排放量。在美国，污染源排
放标准不仅包括排放数量、速率和浓度限制，还包括可以实现减排的最佳
操作实践。美国对大气污染物排放标准的制定，将常规污染物与有害大气
污染物分开，将新源和现役源分开，共设置了新源排放标准（NSPS）、有
害大气污染物标准（HAPS）、最佳可得控制技术（BACT）、最低可得排
放速率（LAER）、合理可得控制技术（RACT）5 种主要的技术标准类型。
NSPS 用于规范新建污染源常规污染物的排放，此标准是一种基线，各州

实施的其他技术标准须严于 NSPS，防止各州通过放松污染控制吸引新项目落户。HAPS 是美国环保局针对每一种污染物制定的最大可得控制技术标准。BACT 适用于达标地区新建、改建项目。LAER 适用于不达标地区的新建、改建项目，它不考虑经济成本，而更多考虑保护公众健康的需求。RACT 适用于非达标地区的现有工业源。

五是以许可证为手段，对固定源进行全过程监管。许可证制度是美国实施固定源监管的主要手段。其中，大气许可证包括两类，即新源审查许可证和运营许可证制度。新源审查许可证有效控制了污染物新增排放量。按照《清洁空气法》的相关规定，新建、改建项目在开工建设前必须获得大气污染物排放许可。根据新建、改建项目所处的地理位置，新源审查许可证可以分为超标地区（NSR）和达标地区（PSD）的许可证。抵消要求是 NSR 的核心政策之一，有效控制了非达标区污染物排放的增长。运营许可证实现了对现有源的全过程监管，它合并和简化联邦、州和地方所有关于大气污染控制要求，覆盖排放源所有大气污染物排放活动。运营许可证明确了企业的运营方案；在此运营方案下必须符合排放限额、标准、控制措施以及其他联邦、州、地方提出的控制要求；同时，还包含了污染源监测、记录、报告及检查的要求。新源审查许可证和运营许可证，大部分均由州或地方空气质量管理机构签发，美国环保局对许可证具有最终的监督管理权限。

六是重拳打击大气违法行为。《清洁空气法》赋予了美国环保局广泛追究违法者责任的权力，并有权寻求行政处罚以及民事赔偿。此外，依据此法，公民被赋予充当私人检察官的权力，并且在美国环保局或州环保局未能在法庭上尽职实施民事诉讼的情况下，可以提起公民诉讼来寻求执行《清洁空气法》的相关条款。美国对违法行为的处罚机制有很多值得借鉴之处：经济处罚可高达每日 20 万美元，刑事处罚最高可判处 15 年监禁；经济处罚按日计罚，即按照违法行为的持续时间按日计算罚款，违法行为持续时间越长，罚款数额越高，持续时间长达 12 个月；按照通货膨胀率自动调整罚款额度，从而使罚款额度不致贬值。

七是建立空气污染应急机制。在一个完整的大气污染防治体系中，重污染情况下的应急机制是不可或缺的一环。美国应急机制的重点已从污染事件发生后的应急反应转移到污染发生前的预测与警告。为了能够及时有效地发布空气污染预警，美国通过相应的模型开展短期预测；提供空气污染警报服务，美国环保局对空气质量划分了健康警报线，若空气质量超过了警报限值，则进行警报发布；实施短期减排措施，从交通、工业、居民三个方面来控制污染物排放。

八是完善监测体系，支撑空气质量管理。在空气质量监测方面，目前美国有地区监测网、州监测网和国家监测网。其中，州和地区监测网有4 000多个监测点位，国家监测网有1 080个监测点位。监测项目涵盖了国家空气质量标准中的各项污染指标。除此之外，美国针对特定环境问题建立了若干专业性监测网络，其中包括光化学评估监测网、能见度评估监测网、酸沉降监测网、空气状态和趋势监测网等。最近5年，美国环保局进一步整合，形成了一个国家重点多污染物监测网，以深入研究和评估复合性大气污染问题。在污染源监测方面，美国环保局负责制定标准，同时具有对州监测行为的监督权。

九是实现大气环境管理精细化。美国大气污染防治工作的一个突出特点就是管理精细化，具有代表性的就是建立了国家污染源排放清单，并在源清单的基础上，利用空气质量模型，建立了总量减排—环境质量改善的响应关系。国家污染物排放清单已形成一个完备体系，包含309种污染物的排放量及成分信息，污染源统计范围涵盖点源、面源、移动源、非道路移动源、生物成因和地质成因源。

美国对地方上报的排放数据审核极为严格，排放数据最终进入国家排放源清单，要经过地方环保部门、中央数据交换网络、美国环保局的逐级审核。完备、精准的排放源清单作为美国国家和地方空气质量建模的主要输入数据，发挥了基础性作用。目前，美国环保局正在积极研发集成模型工具，能够同时实现成本有效环境控制战略选择、空气质量改善效果分析、达标分析、健康效益评估、控制策略费用效益优化等多种功能，使得模型科学决策的功能更为强大。

十是建立庞大专业化的大气环境管理队伍。美国环保局下设的大气和辐射办公室专门负责全国的大气污染防治工作，共有公务人员 1 400 人左右。在州层面，以加州为例，加州空气资源委员会专门负责全州空气质量管理，有从事大气环境管理的公务人员 1 200 余人。在地方层面，加州空气资源委员会下辖 35 个地方空气质量管理局。加州本级加上地方从事大气环境管理的公务人员总共达 3 000 多人。美国环保局雇员均接受过高等教育和技术培训，各地环保部门雇员从事大气专业业务的人数占主要力量。因此，美国能够在环境政策管理、科学研究等领域占据领先地位，特别是对于大气污染防治等工作能够进行精细化管理。

三、对我国大气治理的启示及建议

比较中美两国的大气污染防治工作进程，我国现在面临的一些问题，美国也曾经遇到，并逐步得到解决。美国治理大气环境的历程表明，只要采取切实有效的措施，经过持之以恒的努力，大气环境质量一定能够改善。

目前，我国仍处于工业化和城镇化加速发展的阶段，在经济基础、产业结构、能源结构方面与美国等西方发达国家有很大差别，面临的大气污染问题也更加复杂。2012 年美国煤炭消费在能源消费中的比重仅为 18.1%，且煤炭几乎全部用于电厂发电，而我国煤炭不仅在能源消费中的比重高达 67%，且有 7 亿吨左右的煤炭用于小锅炉燃烧，环境污染严重。我国污染来源更为复杂多样，既有成千上万的中小企业、数以万计的民用炉灶，也有遍布城乡的摩托车、高 VOC 含量消费品等。美国自 20 世纪 70 年代至今，逐步开展了污染源排放达标、空气质量达标、酸雨控制、颗粒物控制、VOC 控制、污染物跨界传输等多项工作，而我国现阶段同时面临着空气质量不达标、污染排放量大、酸雨和颗粒物污染严重等多项压力，大气污染控制时间紧、任务重。

因此，我们既要借鉴西方发达国家治理大气污染的经验，又要结合我国国情和发展阶段，改革创新，用新理念、新思路、新方法来进行综合治理，发挥体制和制度优势，尽量缩短污染治理进程。

第一，以改善环境空气质量为核心，实施《大气污染防治行动计划》。将全面改善环境质量作为更直接的工作目标，把改善空气质量作为大气管理的核心内容,明确空气质量改善目标和主要任务、措施。要以贯彻落实《大气污染防治行动计划》为契机,研究制定配套政策措施,全面推进大气污染防治工作。建立以质量改善为核心的目标责任考核体系,将空气质量改善程度作为检验大气污染防治工作成效的最终标准,通过强化环境质量约束机制,"倒逼"各级政府采取措施改善环境空气质量。

第二,加快修订《大气污染防治法》和有关排放标准,增强法律标准的强制性和可操作性。借鉴美国经验,为适应当前大气污染防治工作的需要,需尽快修订《大气污染防治法》,增加以下内容:一是把对人体健康有重要影响的 $PM_{2.5}$ 和臭氧作为我国大气污染防治的核心内容,在继续深化 SO_2、烟粉尘治理的同时,强化对 NO_x、VOCs、NH_3 等形成二次 $PM_{2.5}$ 和臭氧的重要前体物的排放控制;二是强化环境空气质量监督管理,规范大气污染防治政府责任、标准体系、环境监测、信息公开与公众参与等内容,进一步明确地方政府在其辖区大气质量达标管理中的责任和义务,完善监督考核机制;三是强化重点区域大气污染防治,明确重点区域的划定方法、空气污染联防联控机制以及防治措施等内容;四是进一步强化对违法行为的处罚,力争每条法律必配处罚条款,对限期治理、区域限批、按日计罚等制度做出明确规定,提高违法成本;五是加强污染源控制,对工业点源、移动源、面源以及产品类污染源进行全方位监管,重视非道路移动源的排放控制,将船舶、飞机、火车以及非道路用机械的废气排放纳入大气法管辖范围,明确环境保护部在非道路移动源领域内的管理职责;六是强化重污染天气应对工作,将积极应对重污染天气这一要求纳入法律条款,科学有效应对灰霾等重污染天气。

环保标准方面,加快重点行业排放标准制、修订的步伐,加严 SO_2、NO_x、PM 排放限值,增加大气污染物特别排放限值;加快制定石化、化工行业大气污染物排放标准,重点控制 VOCs 排放;制定机动车、船舶和非道路机械排放标准。同时,制订严格的实施计划,明确每个行业提标改造的时间表,加强企业环境监管,确保企业能够如期稳定达标排放。

第三,构建新型的排污许可证制度,实施固定源全过程动态监管。美国的排污许可证制度明确了适用于特定排污单位的所有环保要求,体现了对企业的动态过程管理，是企业守法、政府执法、信息公开、公众参与及社会监督等制度整合的综合体。反观我国目前的排污许可证则仅包含行业的污染物排放标准和约束性指标总量控制要求，更是缺乏对污染源全过程动态监管功能。进一步完善排污许可证制度，需尽快颁布排污许可证管理条例，将我国环境影响评价制度与排污许可证制度结合起来，除了将企业应遵守的有关环境保护的法律、法规、政策、标准、总量控制目标写入排污许可证，还要将企业在环境影响评价中采用的治理技术、减排效果等作为管理内容纳入其中，并作为环境管理部门日常监管的重要依据。

第四，加强科研与监测工作，提高大气环境管理的精细化水平。美国大气污染防治的一个突出特点就是管理精细化。借鉴美国经验，要加强我国 $PM_{2.5}$ 和 VOCs 的科学研究，针对底数不清、机理不明、技术不足的问题，尽快开展国家大气污染物排放清单编制和空气质量模型研发，完善 $PM_{2.5}$ 和 VOCs 排放因子数据库和污染源排放特征谱库，研发国家多尺度高分辨率动态排放清单平台。开展大气污染源减排技术指标体系和方法学研究、重点行业多污染物协同控制机制及技术方案研究。构建主要工业源、农村面源和无组织源的排放监管技术体系，研究大气污染物总量指标分配与实施对策。进一步完善、优化国家环境空气质量监测点位，使其既能科学反映全国环境空气质量及变化情况，又能反映区域污染物传输及主要污染源排放情况，同时，增加重点城市 $PM_{2.5}$ 等大气污染物源解析工作，为制定环境空气质量达标规划、开展精细化和专业化环境管理提供科学依据。

第五，加强机构建设和人员配备，提高大气环境管理的专业化水平。建立面向以环境空气质量为核心的管理模式需要强大的管理能力作为支撑，美国拥有一支庞大的专业化大气环境管理队伍，这为其精细化环境管理提供了保障。与美国相比，我国面临的空气污染形势更为复杂，管理任务更为艰巨，但是在管理人员数量、机构设施、经费支持和科技支撑等诸多方面都更为薄弱。为了适应空气质量达标和污染物减排对环境管理提出的要求，环境保护部和京津冀、长三角、珠三角等区域空气污染严重的地区应成立专业化机构，加强职能，增加编制，为开展专业化和精细化的环境管理提供基础条件。

　　第六，突出重点，着力改善重污染地区的空气质量。空气污染严重的地区，往往是公众关注焦点和治理难点。为改善南加州严重的空气污染问题，美国采取了非常规的手段和更为严厉的措施。建议我国以京津冀及周边地区、长三角区域、珠三角区域为重点，建立区域大气污染防治协作机制，设立重点区域环境空气质量管理机构，统筹协调区域大气污染防治工作，根据区域经济社会发展水平和大气环境承载能力，制定区域达标规划，明确协调控制目标，实施严格的环境管理要求，早日解决重点区域的大气污染问题。

经济新常态　环保新思维

经济新常态，是以习近平为总书记的新一届中央领导集体，站在时代发展的高度，纵观国际国内大势，立足国家发展全局，深刻认识经济增长规律和三期叠加的现实，作出的重大战略判断，深刻揭示了我国经济发展阶段的新变化、新特点，充分展现了中央高瞻远瞩的战略眼光和处变不惊的决策定力。

新常态的战略定位，必将对包括环境保护在内的各领域等产生方向性、决定性的重大影响。我们必须科学认识、学会适应、积极应对新常态，抢抓历史机遇，积极应对挑战，按照自然规律保护生态环境，就一定能够迎来全面改善环境质量的曙光，推动环保工作迈入新阶段。

一、全面把握和深入理解新常态

深入理解和准确把握新常态的内涵，是创新推进"十三五"环保工作的重要前提。新常态就是我国经济增长从高速进入中高速阶段的从容状态，揭示了我国经济发展阶段的新变化、新特点，强调经济发展既不能片面追求过去那种粗放的高增长，也还要保持合理发展速度，防止经济惯性下滑。

新常态是美国学者对2008—2009年发生"大衰退"之后世界经济政治状态的一种描述和预测，主要含义是国家干预主义可能增强，区域经济合作进程加快，全球化不再等同于美国化，以中国为代表的发展中国家地位上升，发达国家要依靠新兴市场来摆脱危机，世界多极化趋势得到强化等，从中可体味出"无可奈何花落去"的感叹。

"新"就是"与旧质有异"，"常态"就是时常发生的状态。新常态就是不同以往的、相对稳定的状态。实质上就是经济发展告别过去传统粗放的高速增长阶段，进入高效率、低成本、可持续的中高速增长阶段，基本特征是经济增速换挡、经济结构调整、政策思路转变。

第一，经济增速换挡，从高速到中高速。过去10年，我国GDP增速始终保持高增长，但从2012年起开始回落，告别了改革开放30多年平均10%左右的高速增长，并连续9个季度处于7%～8%。且在未来5年甚至更长时间内持续下降，我国经济进入一个更为稳定的经济增长过程当中，经济增长方式逐步由粗放的增长模式向集约的增长模式转变，这种减速换挡，是凤凰涅槃。

第二，经济结构调整，从失衡到再平衡。过去 10 年，以加工制造业为主的工业产能严重过剩，服务业产能却严重不足；投资和出口超常增长，消费占比不断下滑；东部沿海地区快速崛起，中西部地区发展滞后，导致结构问题比较严重。今后 10 年，必须通过优化结构创造再平衡的新常态。2014 年上半年经济数据显示，第三产业占 GDP 比重升至 46.6%，最终消费对 GDP 增长贡献率达 54.4%，投资为 48.5%。区域多元化增长格局正在形成，城市群成为竞争主体，从各自为政到协同发展，核心是打破过去的一亩三分地思维，顶层设计、结构优化、协同发展，逐步实现一号双箭的战略布局。

第三，政策思路转变，从西医疗法到中医疗法。过去 10 年，面对经济下行压力，决策者倾向于通过扩大投资等进行刺激，这种思路类似于西医疗法，一生病就要吃止疼药、打抗生素，对疼痛的容忍度低，我国历次产能过剩就是需求刺激的产物。党的十八届三中全会以来，政府在创新宏观管理思路、保持政策定力上下工夫，加快结构调整和转型升级，这实际上是一种全新的中医疗法，面对病痛，不再是简单地头痛医头脚痛医脚，而是休养生息、增强免疫机能，推行区间管理目标框架，注重定向调控、精准发力，发挥政策的协同效应，实现经济平稳增长。

中央决策层首次以新常态定义当下的中国经济，是对新阶段我国经济发展的战略定位，环境与发展密切相关，全面把握和深刻理解经济新常态，对于我们环保工作者刻不容缓。

第一，科学认识新常态。必须正确认识我国经济已经步入一个不可逆的新常态阶段，要摒弃"速度情结"、"换挡焦虑"，保持平常心。我国在总体上进入中等收入阶段以后，进入中高速增长阶段是必然的，是潜在增长率作用的结果。原有的以投资和资本扩张为主导、低要素成本驱动的粗放型增长模式已难以为继。当一个经济体成长起来后，总量和基数变大，每增长一个百分点，其绝对值要比过去大很多，维持永动式的长期高速增长是做不到的，而且资源环境也承受不了。伴随中国高速增长的不仅是收入水平的快速提高，还有环境持续恶化、能源依赖迅速增强，雾霾、水污染、土壤污染已成为中国人生活的一部分，这种牺牲环境、健康的方式已无法继续下去。从过去 10% 左右的高速增长转为 7% 左右的中高速增长是新常态的最基本特征。

第二，学会适应新常态。必须摒弃经济发展决策的传统思维。新常态意味着经济增长总量指标的重要性下降，要改变过去以经济增长速度为目标的思维定式，也预示着长期以来唯 GDP 增长马首是瞻的政绩考核指挥棒将会淡化使用，片面追求速度而不追求质量的经济发展得到根本性的扭转。地方政府将更多资源和精力用于民生福祉方面。同时，新常态更加注重经济的长期可持续发展，应容忍和主动承受短期的调整甚至阵痛，努力让民众享受到更现代化的教育、更公平的经济福利、更公正的法治环境，这是衡量国家文明程度的最重要标准。

第三，积极应对新常态。当前，我国经济处于增长换挡期、结构调整阵痛期和前期刺激政策消化期的"三期叠加"。新常态意味着经济发展动力将主要来源于改革创新和结构调整。使经济发展走上转型升级、提质增效的新路子。通过改革创新解决制约发展的资源能源、生态环境等"瓶颈"问题。进入新常态，也进入了转型升级的关键时期，打造我国经济升级版，就要爬坡过坎，从粗放到集约，从低端到高端，结构调整的任务更加艰巨。

新常态是对我国 30 多年经济增长规律的深刻认识，其保持合理增速的辩证思想是对历史与现实的深刻反思。新常态不是过去那种粗放的大干快上，而是有质量、有效益、可持续的发展；不是不要发展速度，而是要有合理的发展速度，经济增长要保持在合理区间。经济增长速度会出现一定程度的回落，但增长会更加平稳，结构会更加优化，资源环境会得到更有效地保护，民生会得到改善，社会和谐程度会得到提升。

二、新常态下环境保护的机遇与挑战

习近平总书记深刻指出，我国经济发展进入新常态，没有改变我国发展仍处于可以大有作为的重要战略机遇期的判断，没有改变我国经济发展总体向好的基本面。这一重大研判，同样适用于环境保护。

我们要充分认识到，新常态其实是一种优态、活态，归根到底是一种正常态。既有新挑战，更有新机遇。当前，要把思想和行动统一到中央的战略判断、战略谋划、战略部署上来，沿着认识、适应和引领新常态的大逻辑，按照自然规律保护生态环境，与时俱进地抓好新常态下的环境保护工作。

（一）新常态给环保带来新机遇

一是改革红利释放，环境质量进入改善期。全面深化改革和依法治国明确了转型发展的路径和制度保障，建设生态文明的国家意志更加坚定，人民群众空前关注并积极参与环境保护，全国上下有望统一思想，真正迈入既要金山银山、也要绿水青山，保护绿水青山就是金山银山的绿色发展期。

二是创新驱动增强，经济增长阶段转换进入关键期。长期以来，经济增长较多地依赖资源过度开发，资源能源高消耗、污染排放高强度、产出和效益低下特征明显。"十三五"期间，我国经济发展将从要素、投资驱动向创新驱动转变，高新技术产业和装备制造业增速高于工业平均增速，消费对经济增长的贡献超过投资。

三是经济增速换挡，污染物新增量涨幅进入收窄期。GDP 增长进入中高速发展通道，重化工业快速发展的势头减缓，第三产业成为拉动经济增长的主力，总量和结构都在向有利于环境保护的方向发展。粗钢、水泥以及铜、铝、铅、锌等主要有色金属产品产量预期在 2015 年至 2020 年出现峰值，传统污染物新增量同比下降，污染物排放高位趋缓。

四是能源消费增速趋缓，污染排放叠加进入平台期。国际油价连续下跌，为我国能源结构调整创造了机遇，能源消费结构已悄然发生变化。能源需求开始呈现"三低"（低增速、低增量、低碳化）特征，高耗能行业增长缓慢、能源强度控制增强，经济总量与化石能源需求将逐步脱钩。APEC 会议特别是中美联合气候变化声明签署后，能源和碳减排任务日益明晰。

五是新型城镇化战略实施，区域经济发展进入均衡期。我国城镇化率已跨过 50% 的门槛，其增长率已从 2009 年的 5.8% 下降到 2013 年的 2.2%，跨越了高速增长期，城乡更加统筹协调，国土空间优化与生态环境压力缓解的机会窗显现，环境污染增量的增加相对下降。

六是生态金融渐趋活跃，绿色、循环、低碳发展进入蓬勃期。环保投入是环保事业发展的物质基础，长期稳定可靠的盈利回报机制逐步健全也使环境保护领域吸引力增强。环保投融资机制不断创新，政府采购环境服务激活市场，环保产业新模式、新业态不断涌现，全社会的环保投入将逐步增加，绿色经济不断壮大。

（二）新常态给环保带来新挑战

一是世界环境利益多元复杂、争夺加剧。"十三五"时期，世界经济将持续慢增长态势，脆弱性、不确定性和不平衡性增加，新兴经济体增速放缓趋势明显。世界人口增长，粮食、能源、资源、环境等约束加剧，相关博弈将更加激烈。发达国家再工业化及美国重返亚太等经济政治因素，给我国产业升级、绿色转型带来重大压力。国际上对我国环境履约将持续施压，"绿色壁垒"需积极应对。

二是布局性污染点状转移面上扩张、叠加明显。区域发展格局及城镇化形态发生转变，国家生态安全格局与区域型环境污染呈现新的特征。东、中、西部环境治理呈现不同特点，区域差异和分异明显，分区分类精细化管理挑战加大。产业区域梯度转移带来了资源消耗、环境污染空间结构的变化。承接产业转移地区的环境压力将进一步增大。既要考虑东部沿海产业升级对污染排放的利好趋势，又要深刻认识中西部能源重化工产业增长带来新的污染压力。传统与新型环境问题叠加，出现农村环境叠加城市环境、生态退化叠加环境污染、国际环境叠加国内环境特征。

三是产能化解亟待打破瓶颈、加速转型。近年来，一些地区新的经济增长点尚未发展成支柱，结构调整进入攻坚期，许多产能由既落后又过剩转变为过剩但不落后，长期性产能过剩态势显现，进一步淘汰压减将更多涉及非落后产能，企业有较大的抵触心理，政府赔偿企业损失带来的财政负担显著加重，产业转型升级难度较大。

四是污染治理迟疑不决、患得患失。随着宏观经济进入新常态，如何处理好节能减排与经济增长和就业保障的关系成为难题，环保资金投入和增长的可持续性存在变数。一些地方政府财政收入增速放缓、企业效益下滑，政府环保投入长效机制难以为继，污染治理主体承受力下降，治污决心和行动出现迟疑，有的企业可能不上治污设施、上了治污设施也不正常运行，甚至偷排漏排，监管难度加大。

五是环境基本公共产品供给不足、效率不高。社会公众环境权益观增强，环境公平正义的诉求与环境质量改善的要求快速提升，但环境基本公共服务供给与需求差距较大，可达、可行、可接受之间的综合平衡难度极大。体制机制改革的阵痛可能持续时间较长，财税体制等改革短期内对基层环保能力、重点问题的专项治理影响大，制度性供给能力亟待加强。

六是环境承载能力已达到或接近上限、急需缓压。很多地区长期超过环境承载能力，特别是东部地区经济发达，人口密集、水污染物排放量大，本身的水资源容量有限，需要下大力气进行治理和修复。新老问题复杂多样，生态空间安全格局、区域型环境污染等应对难度大。区域大气雾霾、水环境富营养化、江河流域性生态失衡等重大环境与生态问题仍将存在一段时间。

关于新常态与环境保护，笔者以为，用汽车驾驶状态形容十分贴切。如果经济社会是一辆汽车，经济发展是动力机制，GDP 增长是车的速度，增速调整如同汽车换挡。环境保护是安全保障系统，包括制动（ABS）、稳定（ESP）、提供新动力源等功能。动力是制动稳定的能量基础，制动稳定是动力效果发挥的保障，没有制动稳定保障的动力是危险的、致命的，光要速度不要安全绝对不行，要在安全稳定的前提下尽量跑得快。

开车是一项综合技能，会开容易，开得好却不容易，关键是动力系统与制动系统要协调把握好。过去的 30 年，是我们猛踩油门的 30 年，为追求效率，多给油（消耗了大量资源），虽然速度上来了，但也是一路浓烟滚滚（环境污染），而且看到问题就猛踩刹车，导致了挡位不合适、油耗不合适、机械系统不合适以及车内驾乘者的不舒适等问题，摒弃速度崇拜、优化结构、提高质量和效能，是当务之急。当前，外部路况（国际经济环境）发生变化，自身车况（国内经济发展、人口结构、资源环境等）也有变化，减速换挡是明智选择。我们必须要理性接受从高速到中高速的速度降低，否则行车的可持续性和稳定性难以保证。我国还是发展中国家，还处在初级阶段，这些条件不变，中国发展之"车"只能在行进中稳妥维护，既不宜在降速过大中调节，也不宜在过快行驶中调节。新常态下，只有把握好动力系统与制动稳定系统的统一关系，以安全稳定为基础，在合理区间内的适度高效行驶，才能实现行驶速度与前进距离的完美高效结合。

做好新常态下的环保工作，关键在于加快实现 3 个转变：一是目标导向从主要管好污染物排放总量，向以改善环境质量为主转变，严格锁定总量，着力提升质量；二是工作重点从主要控制污染物增量，向优先削减存量、有序引导增量协同转变，大幅减少存量，消化递减增量；三是管理途径从主要依靠环境容量，向主要依靠环境流量、环境容量的动静协调、统筹综合支撑转变，按照环境容量科学开发，开展流量调控与增效利用。

特别需要强调的是流量管理。流量是一个对应于速率的动态概念，容量则是流量在一段时间内的累加。任何一个时间点的环境质量，取决于这一时间点的环境容量与污染排放量的关系。为了持续地改善环境质量，必须对某个地方基于环境质量目标和环境容量设定的污染物排放总量，在时间、空间、污染物种类间进行科学分配，这就是流量控制。一方面，环境容量受水文条件、气象条件等季节性因素影响，这意味着相同的环境质量目标下污染物排放限制量将随季节发生变化。另一方面，我国幅员辽阔，地区间自然地理条件、水文条件、气象条件、经济技术条件等差异大，这决定了特定的环境质量目标下不同地区的容量有所不同。

流量管理涵盖了对时间和空间的双控制，即单位时间单位体积内的总量控制，同时也是涵盖了时间和空间的动态控制，实现了环境管理方式的精细化升级和从静态管理向动态管理的管理模式转型升级，这种动态化、空间化的环境管理有利于充分利用自然环境容量，进而释放新的发展空间，促进环境质量目标下的经济发展。

三、新常态下需要环保新思维

平常心和按自然、社会、科学规律办事是新常态下推进环境保护工作的重要保障。新常态下环境管理的目标必须强调和回归环境质量改善这一根本目标。

第一，用法律守住底线，建立保护环境的规范、严密的法治体系。以新修订的《环境保护法》为龙头，明确政府、企事业单位责任，加大违法排污责任，架好环境保护高压线。改革环境执法体制，加强基层执法能力建设，建立完善执法管理体系，为执法大厦砌出坚固墙壁。针对损害群众健康的突出环境问题，出重拳、用重典，施非常之策保障群众基本生存环境，遏制重点领域污染加剧态势，让环境法律法规成为"有牙的老虎"。牢固树立生态红线的观念，划定并严守生态保护红线。

第二，用制度划清边界，建立系统完整的生态文明制度体系。加快建立盲目决策损害环境终身追究制和损害赔偿制度，实施生态补偿机制，完善排污许可证制度和环境影响评价制度。建立环境审计制度，对地方政府环境责任履行情况进行全面、深入、细致的诊断判断，建立一套自上而下、行之有效的环境管理纠偏纠扭体系，突破当前环境管理困局。以环境审计制度为基础，探索编制自然资源资产负债表，对领导干部实行自然资源资产行政审计和离任审计。

第三，用治理保证效果，建立全面有效、标本兼治的管理体系。要加快制、修订与全面建成小康社会相衔接的环境质量标准和有关排放标准，建立健全一套基于改善环境质量、统一监管所有污染物排放的管理体系。严控新建源、严管现役源和严查风险源，在环境增量管理边际效用不断递减的同时，着力环境存量治理，重点行业和区域要拿出提标改造、生态修复的时间表，以标准牵引、执法"倒逼"，做到应治必治，最大程度实现帕累托改进，为治本争取时间。建立区域污染防治协作机制，设立重点区域环境质量管理机构，统筹协调区域污染防治工作。

第四，用政策催生动力，建立改善环境质量的政策支持体系。加强资源环境市场制度建设，完善价格形成机制，发挥市场在环境保护中的决定性作用。积极发展生态金融，把生态成效作为理财期权，研究提供分散风险的途径和规避风险的工具，创新和探索新业态、新产品和新模式，吸引社会资本进入环保领域。推行排污权交易制度，建立全国统一的排污权交易市场，排污单位在规定期限内对排污权拥有使用、转让和抵押等权利，促进企业治污减排。有序开放可由市场提供服务的环境管理领域，大力发展环保服务业，加快建立和完善环境污染的第三方治理。

第五，用权利激发活力，建立全社会正能量行动体系。要构建符合国情的行政监管、社会监督、行业自律、公众参与、司法保障等多元共治的环境监督体系，让公众参与成为其中重要的一环。加大信息公开力度，保障公众环境知情权。积极宣传、推动公众履行环境权利和责任，建立公众参与环境管理决策的有效渠道和合理机制，扩大公众环境参与权。善于利用网络信息化平台与传播力量，加大公众、新闻媒体等对政府环保工作、企业排污行为的监督与评价，强化公众环境表达权和监督权。引导环保社会组织有序发展，加快建立和完善环境公益诉讼制度，赋予公众环境诉讼权。

扎实做好国家环境保护"十三五"规划编制工作

"十三五"时期（2016—2020 年），是我国全面建成小康社会的决战时期，是全面深化改革的攻坚时期，是全面推进依法治国的关键时期，经济发展进入新常态，全面改善环境质量面临重大挑战与重要机遇。在总结"十二五"规划实施情况基础上，深入分析"十三五"时期的深刻变化，坚持全球眼光，坚持战略思维，坚持问题导向，坚持标本兼治，统筹谋划"十三五"环境保护的基本思路，明确指导方针、主要目标、战略任务和重大举措，编制《国家环境保护"十三五"规划》（以下简称《规划》）具有十分重要的意义。

一、《规划》编制进展情况

一是工作谋划启动早。2013 年 1 月，按照"战略研究—重点研究—规划编制—规划论证"的基本思路，我们启动了《规划》前期研究和编制工作，组织编制了《规划》编制研究思路及工作方案，成立了《规划》编制领导小组，由周生贤部长任组长，分管副部长任副组长，部内各司局和规划院主要领导任小组成员，统筹推进《规划》研究编制的各项工作，明确了每年的工作重点，2013 年主要开展《规划》战略研究工作，2014 年主要开展《规划》重点任务研究，2015 年开展《规划》编制工作，2016 年主要做好《规划》的衔接、论证、修改、报批工作，共提出六大类、21 个研究课题组、约 150 项研究任务，确定了内部研究、对外委托研究、联合地方联动研究的三种课题研究方式，清晰勾勒出了"十三五"规划前期研究和编制工作的路线图。

二是坚持开门编《规划》。遵照"开门纳谏编规划，集思广益深研究"的要求，2013 年、2014 年连续两年向全社会公开选聘 41 家单位承担 36 项课题，2013 年的 20 项对外委托课题已经完成验收，一大批成果应用到《规划》编制中。2013 年 4 月 2 日，召开全国规划财务处长座谈会征求意见。2013 年 5 月 20 日，召开《规划》前期研究咨询会议，五位院士在内的 20 位专家参加会议。2013 年 9 月 23 日，召开部分环境保护类社会组织代表座谈会，来自全球环境研究所、自然资源保护协会等 12 家单位的 19 名代表参加会议。2013 年 12 月 6 日，召开"两委"咨询会，沈国舫、钱易、郝吉明院士等 11 位委员参加会议。2014 年 8 月 27 日，向国家环境咨询委员会委员、部科学技术委员会委员汇报了关于《规划》前期研究和编制进展工作的有关情况。召开了两次部长专题会议，听取各主要业务司的意见。将《规划》研究思路发函征求意见，各地、各部门及直属单位等 82 家共反馈意见与建议 320 条。以新浪网公益频道、手机微信平台等首次开展互联网上调查，3 个月内获得 4 159 份有效问卷，覆盖全国各省、自治区、直辖市，包括香港、澳门和台湾地区和部分海外人士，搜集整理广大公众关心、关注的环境问题。开展了与亚行、国合会等国际组织的交流合作，组织召开了多次政策讨论会、交流会等，听取国际专家对《规划》的建议。

三是利用好各项成果。认真梳理总结"十二五"规划编制实施经验和"十一五"规划终期考核成果，污染减排、重点流域、重金属等专项规划评估考核，十年生态调查等基础调查评估，环保公益性行业科研项目和各类科研项目研究成果，组织开展"十二五"规划 2012 年实施情况调度和中期评估，支撑和保障《规划》研究编制工作。我们研究构建了《规划》实施的调度评估考核体系，制定了规划调度和中期评估方案，并选择江苏、陕西两省和铜陵、南充两市进行试调度和试评估，组织完成了 2012 年《规划》实施情况调度并上报国务院，目前中期评估报告已完成征求意见稿，发文征求各省、各部门的意见。认真做好对外委托课题的中期调度和结题验收工作，做好内部研究成果与对外委托课题研究成果的集成耦合，充分学习借鉴各项评估考核、科研项目研究成果，不断总结应用到《规划》编制工作中。

四是加强沟通与衔接。切实加强与发改委规划司、环资司等部门的沟通衔接，多次赴发改委进行汇报，进行技术衔接，在方向、重点和时序上得到支持和指导，力争在节奏上与发改委同步并略有超前。切实加强与部内各部门的沟通联系，面对面讨论问题，多方参与环境保护法修改、三大行动计划编制、生态文明指标体系、生态保护红线、京津冀规划等，及时吸纳成果。在推进《规划》工作机制上，司院联合成立《规划》编制技术组；

建立《规划》协调机制，对外与其他部委建立横向沟通与对接，对内在各个阶段充分与部内各司局进行衔接，切实加强国家与地方《规划》编制的联动，探索目标指标和重大任务工程的"两上两下"形式；建立内部信息沟通机制，编制《规划》工作简报；健全公众参与机制，在网上开设"十三五"规划专栏，定期召开企业、行业协会、环保 NGO、社会公众和系统内外专家座谈会；完善成果管理机制，确定专人对各类别课题进行分类管理和成果整理。

经过努力，研究提出《规划》的基本思路。

二、编制《规划》的思考

随着形势发展和情况变化，我们对编制"十三五"环保规划的认识不断深化，从初步到深入，从具体到全面，从个体到全体，从特殊到一般，这是符合事物发展客观规律，也是我们编制规划必然要经历的过程。思考认识不断深入，才能保证我们的工作紧跟时代发展潮流，顺势而为乘势而上。

（一）关于《规划》编制的历史背景

对编制《规划》的历史背景做出理性分析、科学判断，是编制好一个规划的关键所在和理论基石。通过对比发现，"十三五"环保规划的编制与之前 30 年所编制的环保规划的历史背景有着很大不同，体现在"一个历史坐标、两个检验标准、三个根本基础"：

1. 一个历史坐标

就是党的十八大提出的在中国共产党成立一百年时全面建成小康社会，实现经济持续健康发展、人民民主不断扩大、文化软实力显著增强、人民生活水平显著提高和资源节约型、环境友好型社会建设取得重大进展等五大目标。这个历史坐标，就要求我们必须科学谋划"十三五"环保规划的目标指标，既要满足对全面建成小康社会目标的新要求，人居环境明显改善，还要脚踏实地、能够达成，看得见、摸得着，不能好高骛远、雾里看花。

2. 两个检验标准

（1）人民群众是否满意。坚持以人为本，认真回应人民群众的迫切愿望，将环境质量作为公共产品，不断改善环境质量，为百姓提供更多优质生态产品，切实维护群众环境权益。以群众的客观感受作为检验环保工作的关键标准。

（2）生态环境是否安全。加快构建资源节约、环境友好的生产方式和消费模式，切实增强可持续发展能力，全力保障生态环境安全。以民族长远发展的环境支撑和保障能力的提升作为检验环保工作的基本标准。

两个检验标准是编制"十三五"环保规划的立足点和着力点。

3. 三个根本基础

（1）政治基础：改革开放步入"2.0 时代"。党的十八届三中全会对经济社会等各个领域的改革进行了部署，明确提出要建立系统完整的生态文明制度体系，深化生态文明体制机制改革，彻底转变观念，再不能以GDP 来论英雄，改革完善干部考核评价任用制度等。

（2）法律基础：新修订的《环境保护法》。围绕贯彻落实《环境保护法》，实行最严密的法治，强化依法治国、法治管理，为生态文明建设提供可靠保障。

（3）经济基础：新常态。新常态意味着中国将适当地放松经济增长速度的目标，逐步将焦点集中于经济增长质量的提高。不仅仅是增长速度数字上的变化，更多的是中国将进入经济结构更加优化、经济增长质量逐步提高的新模式之中。

此外，还有大气、水和土壤等三大行动计划的坚强工作基础支持，我们将努力做好"十三五"环保规划编制与三大行动计划的有机衔接，确保工作安排、任务落实和技术环节无缝对接。

（二）关于规划的目标

围绕全面建成小康社会和全面深化改革开放的目标，综合考虑环保现阶段特点和"十三五"期间经济社会发展趋势，初步考虑是：到 2020 年，主要污染物排放总量显著减少，人居环境明显改善，生态系统稳定性增强，辐射环境质量继续保持良好，生态文明制度体系基本建立，生态文明水平与全面小康社会相适应。

具体目标初步考虑：水环境质量方面，全国主要河流基本消除劣Ⅴ类水体，城市水体基本消除黑臭，城镇集中式饮用水水源稳定达标（背景值超标除外），现状水质优于Ⅲ类的水体持续改善，近岸海域水质保持稳定。大气环境方面，全国城市细颗粒物浓度持续下降，优良天数逐年提高，大幅度减少重污染天气，空气质量达标天数提高。土壤环境方面，农用地土壤环境得到有效保护，建设用地土壤环境安全得到基本保障，土壤环境管理体制机制基本健全，土壤污染恶化趋势得到遏制，受污染土壤得到休养生息，工业污染场地再开发健康风险得到有效控制，部分地区土壤环境质量得到改善，全国土壤环境状况稳中向好。生态环境方面，生态系统维持稳定、生态服务功能有所改善。环境风险防控方面，重、特大突发环境事件数量显著下降，对生态环境的影响和破坏明显降低，环境应急管理体系基本完善。核安全方面，核设施安全水平进一步提高，放射性污染防治水平全面提升，辐射环境质量继续保持良好。

（三）关于规划的指标

总体思路：以环境质量改善为主线，以治污减排、风险防范、空间优化、制度建设为手段，适应社会公众对环境的期待，建立国家、区域、城市相结合的目标指标体系。

一是以环境质量改善为主线。建立环境质量改善为核心的指标体系、污染控制体系和评估考核体系。进一步完善总量控制指标体系，考虑工作基础和发展需要，经过科学论证，调整约束性和预期性指标。建立以全过程管理理念贯穿的环境风险防控考核指标体系，将突发环境事件数量及预案备案、信息报告、事件调查处理等作为考核指标。

二是构建全要素的指标体系。力争实现水、大气、土壤、生态系统等全要素管理，加强国家目标、区域（流域）目标、省市目标、重点单元目标的衔接。

三是体现分区、分类管理。依据污染物传输规律、环境功能定位，结合经济发展与行政管理等要素，划定不同类别的管理区，分区域、分类别、分层级确立国家层面中长期环境保护目标和重点区域环境控制目标。因地制宜设计区域性总量控制指标。

四是突出可达可控性。综合考虑我国社会经济发展和环境保护的历史阶段、环境保护和管理工作基础、经济技术可行性以及政府事权、指标的稳定性等因素，把可达可控作为核心命题，以技术可行、经济可承受、环境质量响应 3 个角度进行深入分析论证，强调目标指标和任务措施的匹配。

五是提高指标的预见性。在指标选择上，在注重可监测、可统计、可考核的同时，对部分影响长远，但目前监测统计基础薄弱，不具备监测评估基础的领域，也考虑提炼引导性指标，为下一步的工作奠定基础。

大国行思，敛以致远。绿水青山就是金山银山的发展观，为经济发展与环境保护的双赢提供了方向指引。我们要认真研究做好新常态下的环境保护工作，着力树立生态观念、完善生态制度、维护生态安全、优化生态环境，提前谋划重大工程项目政策，从全局和战略高度深入做好"十三五"环保规划编制，大力推进生态文明建设，加快推进环境治理体系和治理能力现代化。

（四）关于具体工作任务

一是在深化环保工作任务方面，要坚定不移地强化环境质量管理，以解决损害群众健康突出环境问题为重点，坚持预防为主、综合治理，强化水、大气、土壤等污染防治，着力推进重点流域和区域水污染防治，着力推进重点行业和重点区域大气污染治理，着力推进颗粒物污染防治，着力推进重金属污染和土壤污染综合治理，集中力量优先解决好细颗粒物、饮用水、土壤、重金属、化学品等损害群众健康的突出环境问题。加大自然生态系统保护力度。实施重大生态修复工程，增强生态产品生产能力。严格按照优化开发、重点开发、限制开发、禁止开发的主体功能定位，在重要生态功能区、陆地和海洋生态环境敏感区、脆弱区，划定并严守生态保护红线。

二是在健全完善环境监督方面，要强化污染物排放总量控制，完善污染物排放许可证制，规范污染物排放许可证行为，禁止无证排污和超标准、超总量排污。大力推进排污权交易试点，加快实施各类排污指标的有偿使用和交易，加大排污权交易的组织机构和监管能力建设。贯彻实施新《环境保护法》，健全与全面建成小康社会要求相符合的法律法规和环境标准体系，改革环评制度，以环评作为结构调整的调节器、绿色转型发展的助推器，强化源头管理。扎实构建科学的环境监督体系，将各级环境保护主管部门对全国环境保护工作实施统一监督管理落到实处，加强对下级人民政府及其有关部门环境保护工作的监督，深化对企业的环境监督，严格环境执法，不断提升环境监测、预警和应急能力。

三是在生态文明制度建设方面，要健全自然资源资产产权制度和用途管制制度。建立统一监管所有污染物排放的环境保护管理制度，独立进行环境监管和行政执法。严格环境保护的绩效考评制度，建立体现生态文明要求的指标体系、考核办法、奖惩机制。加快建立国土空间开发保护制度，建立资源有偿使用制度和生态补偿制度，健全生态环境保护责任追究制度和环境损害赔偿制度，编制自然资源资产负债表，对领导干部实行自然资源资产行政审计和离任审计。加大环保投入、发展模式和机制创新，大力发展生态金融，建立稳定长期的支持政策和支持方向，大力发展环保战略性产业。

四是在构建社会行动体系方面，要积极宣传、推动落实新《环境保护法》对公众环境权利与责任的履行。合理利用网络化、信息化的平台与传播力量，加大公众、新闻媒体等对政府环境保护工作的监督、评价力度。将生态优先价值观作为公众道德体系重要组成部分，大力宣传，倡导可持续消费的生活方式，适时组织开展全民环保绿色进步行动，引导环保社会组织有序发展。

三、《规划》编制基本思路

（一）面临的形势

国家环境保护"十二五"规划实施中期评估表明，"十二五"规划实施三年来，主要污染物排放有所减少，城镇环境基础设施建设和运行水平得到提升，污染防治取得积极成效。但我国污染物排放还处于较高水平，环境绩效与发达国家差距很大，环境质量不尽如人意，污染减排与环境质量改善之间的关系还需深入研究。一些地区大气、水、土壤等污染严重，各种污染物随时间累积，在空间集聚，加重了部分区域的生态环境压力，并呈现污染源多样化、污染范围扩大化、污染影响持久化特征,环境风险日益突出,环境应急响应与处理处置能力不足。国际形势变化,需要及时研究、积极应对。

"十三五"时期,是全面建成小康社会的攻坚期、加快推进新型城镇化的关键期和全面落实依法治国基本方略的深化期,经济社会发展迈向和进入新常态,各项改革日益深入,环境保护面临重大转型,面临难得的机遇和挑战。

机遇体现在:①经济增速换挡,环境压力进入调整期。②新型城镇化战略实施,污染物新增量涨幅进入收窄期。③能源日益清洁化,排放强度进入回落期。

挑战体现在:①污染治理迟疑不决、患得患失。②布局性污染点状转移、面上扩张。③产能化解尴尬无奈、进退两难。

(二)指导思想和目标指标

1. 指导思想

以党的十八大,十八届二中、三中、四中全会精神为指导,以生态文明理念引领,改革创新驱动,全球视野谋划,适应经济社会新常态,深入贯彻落实新修订的《环境保护法》,全面深化生态环境保护领域改革,以改善环境质量为主线,统筹污染治理、总量减排、环境风险管控和环境质量改善,打赢大气、水体、土壤污染防治三大战役,推进民生改善,建设美丽中国,为全面建成小康社会做出新的更大贡献。

2. 基本原则

坚持绿色发展、标本兼治,坚持依法治国、法治管理,坚持信息公开、社会共治,坚持深化改革、制度创新。

3. 规划目标

到 2020 年,主要污染物排放总量显著减少,人居环境明显改善,生态系统稳定性增强,辐射环境质量继续保持良好,生态空间管治、环境监管和行政执法体制机制、环境资源审计、环境责任考核等法规制度取得重要突破。生态文明制度体系基本建立,生态文明水平与全面小康社会相适应。

4. 规划指标

初步考虑建立以环境质量改善为主线、适应社会新期待、国家、区域、城市相结合、反映治污减排、风险防范、空间优化、制度建设进展的综合指标体系，主要包括约束、预期和引导性指标。具体思路是：一是建立环境质量和排放总量双约束指标体系。二是构建全要素的协同性指标体系。三是体现分区分类管理。四是突出可达可控性。五是提高指标的预见性。六是要贴近群众感受。

（三）四项具体工作

1. 质量改善

包括三个方面：建立健全全面环境质量管理体系，实行刚性约束；推进水、大气和土壤三大重点领域环境质量改善工作，通过"抓两头促中间"总体改善全国环境质量；全面启动实施环境质量达标改善行动，持续精准改善城乡环境质量。

2. 治污减排

包括三个方面：优化总量控制实施；实行全过程治污减排；加大行业环境监督管理力度。

3. 生态保护

包括四个方面：建立完善生态管治制度，实施分级分区管控；加强重要生态功能区和生态系统管理，维护国家生态安全；完善生态保护管理机制，推进生态系统统一监测和系统管理；完善生态文明示范区建设制度和生态补偿制度，促进生态保护。

4. 风险管控

包括七个方面：从布局和结构入手，改善环境安全总体态势；加强重点领域环境风险管理，实现健康发展与环境安全；加强企事业单位环境监管，强化企事业环境风险防范的主体责任；建立健全环境损害赔偿制度，严格事后追责；建立环境风险预测预警体系，加强环境风险管控基础能力建设；加强核与辐射安全监管，确保万无一失；要关注环境健康领域，加强统筹管理和顶层设计。

（四）制度建设和政策创新

1. 健全法律法规体系

包括三个方面：全面推进立法工作；加强环境司法建设；切实加强执法监督。

2. 划清权利责任边界

包括三个方面：以三个清单划清边界；合理划分中央和地方环境保护事权；落实地方政府环境质量责任制。

3. 改革环境治理体系

包括五个方面：强化环境统一监管；发挥环境保护部门综合监督；参与综合决策；评价考核与问责；落实主体责任。

4. 强化市场机制建设

包括五个方面：加强资源环境市场制度建设；改革环保收费与环境价格政策；逐步实行环境资源有偿使用；完善有利于资源节约、环境保护的税收政策；建立和完善激励企业参与环境保护的市场机制。

5. 完善社会共治体系

包括四个方面：保障公众环境知情权、参与权和监督权；构建有效渠道和合理机制；加强对政府、企业的监督；构建全民行动格局。

（五）重大工程、项目

围绕规划重点领域和监管重点，以大工程带动大治理，提出在"十三五"期间能够对环保工作全局性有巨大推进效益、操作性强的重大工程。重大项目主要是指落实重大工程的主要项目，由不同项目子项组成，最终支撑目标任务实现。重大工程、重大项目、项目子项是有机整体，系统推进。

（六）规划编制实施的保障机制

一是强化组织领导。二是加强地方规划与国家规划衔接。三是强化规划落实和实施。

四、《规划》特点

概括起来就是"一、二、三、四、五、六、七、八"。

一个历史坐标：即党的十八大提出的在建党一百年时全面建成小康社

会，实现经济持续健康发展、人民民主不断扩大、文化软实力显著增强、人民生活水平显著提高和资源节约型、环境友好型社会建设取得重大进展等五大目标。这个历史坐标，要求必须科学谋划"十三五"目标指标，既要满足全面建成小康社会目标的新要求，还要脚踏实地、能够达成。

两个检验标准：

——人民群众是否满意。坚持以人为本，认真回应人民群众的迫切愿望，切实维护群众环境权益，以群众的客观感受作为检验环保工作的关键标准；

——生态环境是否安全。以民族长远发展的环境支撑和保障能力的提升作为检验环保工作的基本标准。

两个检验标准是编制"十三五"规划的立足点和着力点。

三个根本基础：

——政治基础：十八届三中全会明确提出要建立系统完整的生态文明制度体系，深化生态文明体制机制改革。

——法律基础：十八届四中全会提出要全面推进依法治国。围绕新修订的《环境保护法》，加快推进形成完备的法律规范体系、高效的法治实施体系、严密的法治监督体系、有力的法治保障体系，实行最严密的法治，为生态文明建设提供可靠保障。

——经济基础：新常态。新常态意味着中国将适当的放松经济增长速度的目标，逐步将焦点集中于经济增长质量的提高。中国将进入经济结构更加优化、经济增长质量逐步提高的新模式之中。

此外，大气、水和土壤三大行动计划提供了坚强工作基础支持，"十三五"规划编制将与三大行动计划有机衔接，确保工作安排、任务落实和技术环节无缝对接。

四项具体工作：质量改善、治污减排、生态保护和风险管控。

五项制度建设：依法治理环境、权利责任边界、环境治理体系、市场机制建设和社会共治体系。

六项约束性指标：建议将颗粒物、挥发性有机物与化学需氧量、氨氮、二氧化硫、氮氧化物作为总量控制约束性指标。

　　七项政策创新：一是工作思路（加快实现三个转变：目标导向从以管控污染物总量为主向以改善环境质量为主转变；工作重点从主要控制污染物增量向优先削减存量、有序引导增量协同转变；管理途径从主要依靠环境容量向依靠环境流量、环境容量的动静协调、统筹支撑转变）。二是全面质量管理。以城市和控制单元质量目标清单式管理为主要抓手，按照标准、总量、环评和执法的工作链条推进质量改善工作，以标准牵引、执法"倒逼"，做到"应治必治"，强化环境质量监测、评估、监督和考核，着力解决群众身边的环境问题，确保环境优良地区环境质量不退化、不降级，环境污染严重的区域、城市、控制单元环境质量明显改善，见到实效、取信于民。三是总量控制。积极探讨污染减排与其他管理制度的有机衔接，加强污染物排放浓度、总量、速率的三方面协同管理，促进治污减排全过程管理，将区域质量改善要求落实到企事业单位，以综合性排污许可为载体，实现对所有污染源（尤其是工业源）、所有排污过程的有效管控。四是全面有效的环保治理体系。加快修订符合全面建成小康社会目标的环境质量标准，建立健全统一监管所有污染物排放的管理体系。严控新建源、严管现役源、严查风险源，在加强环境增量管理的同时，着力加强环境存量治理，促使重点行业和区域拿出生态修复时间表。建立区域污染防治协作机制，设立重点区域环境质量管理机构，统筹协调区域污染防治工作，以群众满意度作为环保工作成绩标尺。五是基本生态管治。建立国土空间生态管治制度，通过划定并严守生态保护红线等，切实做到"应保尽保"，加强自然生态系统保护力度，不断提高生态系统服务功能，实现生态系统良性循环提供支撑。六是建立系统完整的生态文明制度体系。加快建立盲目决策损害环境终身责任追究制和损害赔偿制度，实施生态补偿机制，完善排污许可证制度和环境影响评价制度。针对当前考核效率不高问题，发挥行政管理优势，建立环境审计制度，对地方政府环境责任履行情况进行全面、深入调查，建立行之有效的环境管理纠偏机制，突破当前环境管理困局。以环境审计制度为基础，探索编制自然资源资产负债表，对领导干部实行自然资源资产行政审计和离任审计。七是环保投融资机制。积极发展生态金融，把生态成效作为理财期权，研究风险规避办法，探索新业态、新产品和新模式，吸引社会资本进入环保领域。推行排污权交易制度，建立统一的排污权交易市场，促进企业治污减排。有序开放可由市场提供服务的环境管理领域，大力发展环保服务业，加快建立和完善环境污染第三方治理。

八个重大工程：环境质量改善和提标工程、主要污染物减排工程、生态修复与环境保护工程、重点领域环境风险防范工程、农村环境清洁工程、环境监管能力基础保障工程、环境基础设施公共服务工程、社会行动体系建设工程。

生态金融是生态文明建设的金钥匙

金融是现代经济的核心，在促进经济社会与资源环境协调发展、大力推进生态文明的过程中，发挥着不可替代的作用。发展生态金融是当前经济体制改革与生态文明体制改革的必然要求，更是推动生态经济发展和提高环境保护效率的基础支撑，这是环保工作又一次重大理论创新和实践深化，具有重大的现实意义和深远的历史意义。

一、深入理解生态金融的内涵与功能

推进生态金融发展深度、拓展广度、丰富形式，进一步发挥其应有作用，必须深刻理解生态金融的内涵。

金融作为经济活动的中枢，是货币流通和信用活动及与之相联系的经济活动的总称，本质是跨时空的价值交换，用当期价值交换远期价值，如用现金交换存贷款合约（还款承诺）、股票、债券或保单，关键是远期交易的价值如何确认，包括收益和风险等，其核心活动是资产定价与风险控制，重要因素是信息问题，即与金融资产发行方有关的信息。

生态环境问题的本质是生态环境资源市场定价机制的缺失，关键是生态环境资源的产权权属不明晰。如生态环境权得到明晰，生态环境资源的市场定价机制是完善的，那么经济学意义上的环境问题将不存在。

综上所述，生态环境问题是相关产权界定不清晰导致生态环境资源市场价格与其实际价值的偏差。生态环境恶化已表明生态环境资源价值稀缺程度日益突出，生态环境资源价值上升，但其稀缺和价值却并未在市场价值中反映出来，导致市场主体对生态环境的漠视。生态环境权的清晰界定，是生态金融发展的基础。如果缺乏明确的生态环境权界定，生态金融活动的成本和收益在很大程度上不确定，就将从根本上阻碍生态金融市场的形成。产权明晰是市场交易的基础，只有明确生态环境权制度安排，才能有生态环境资源的市场交易，在此基础上，才能产生生态金融市场。

生态金融是金融产品与市场在生态环境保护领域的体现，通过创新传统金融手段，实现保护生态环境目标，本质是生态环境权的价值的跨时空交易，也就是生态期权，具有动态性、长期性、人本性、创新性等特征。传统的环保工作也依靠市场调节的经济激励手段，治理环境污染，如排污收费、环境税等，较多强化管理的"末端"。生态金融把经济效益和生态效益结合起来，通过合理的资金配置来达成生态环境目标和规避风险，强调市场的主导性并且重视效益。生态金融关切人类社会的长期利益及长远发展，把经济发展和环境保护协调起来，促进经济社会健康有序发展。因此，生态金融是传统金融的一种创新模式，有别于以盈利为核心的传统金融，它需要在参与主体、运作环境、人才培养、资源成果等方面进行创新，不仅要通过金融手段实现经济利益，同时更强调实现优化生态环境、促进人类可持续发展的目的。

与传统的金融业务运营模式一样，生态金融业务主要也依托于银行、证券和基金等业务部门，并以这些部门为载体开展交易活动，如绿色贷款、绿色债券等。生态金融产品包括排污许可证交易、环境类公司股票、环境投资基金、环境保险等。生态金融通过金融资金流量和投向的调节，在经济行为和环境行为之间架起一座桥梁，发挥金融的直接撬动作用，其功能概括为：

一是资源配置功能。生态金融的决策是基于经济效益、环境效益的分析，实现资源分配的最佳效果。通过金融资源对产业和企业的选择，对经济转型和产业调整发挥引导、淘汰的作用，实现经济和环境的协调发展，促进产业优化升级，如绿色信贷限制了高污染、高耗能企业的资金来源，促进资金从高耗能、高投入、高污染行业投入到发展绿色环保产业。

二是风险控制功能。规避风险是金融企业的基本行为。通过对生态环境风险的识别、预测、评估和管理，实现金融企业和项目的环境风险最低化。循环经济、低碳经济、生态经济恰好是生态环境风险最低的经济发展形式。因此，生态金融为金融机构创造了新的绿色商机，降低了经营风险，提高了可持续竞争力。

三是行为引导功能。通过金融机构的准入管理和信用等级划分，促进企业加大环保技术创新的力度，转变资金流向，规范企业经营行为。

生态金融的发展是一个随着环境保护工作不断升华的过程。在相当长一个时期内，人们将金融作为"自然环境—生产和消费—自然环境"循环的外生变量，认为金融对自然环境不产生影响。后来，人们认识到金融与自然环境密切相关，金融机构可通过信贷和投资引起间接污染，并可能引发严重的生态环境问题；生态环境问题也可以影响银行经营，一些引发严重生态环境问题或存在潜在生态环境风险的投资项目一旦失败，就会给银行经营造成负面影响。随着对生态和金融相互关系认识的逐渐加深，不断探索和引入金融工具，扩宽金融领域服务范围、变革服务理念、创新服务手段，实现生态与金融的良性互动。

国际上生态金融实践的探索相对较早。1974 年，当时的西德设立了世界上第一家环境银行，生态金融运行机制与产品形式较为丰富，有绿色信贷、绿色保险、绿色证券、环境基金和生物多样性基金、债务环境交换机制、森林证券化机制、气候衍生产品、自然灾害证券、绿色投资基金、碳基金和 CDM 机制、排污交易及由其所衍生的期权等。

国内方面，随着绿色信贷、绿色保险、绿色证券等政策的相继出台，生态金融体系开始形成。环保部、中国人民银行、银监会联合发布了《关于落实环保政策法规防范信贷风险的通知》、中国人民银行出台了《关于改进和加强节能环保领域金融服务的指导意见》等文件，加强宏观信贷政策指导，积极发展绿色信贷。一些地方金融机构围绕城乡生态文明建设，积极创新业务品种，拓展业务范围。一些违反国家环保政策、可能对生态环境造成重大不利影响的项目，在申请信贷支持时，因不符合绿色信贷的要求被坚决否决。

从生态金融产品发展阶段来看，分为法规驱动型、项目引导型、产品设计型和复合创新型等几个阶段。生态金融早期的形式，如绿色信贷、绿色保险、绿色证券等，均属于金融机构或相关企业为规避因环保政策法规或环境污染事故等带来的经营风险，在特定法规驱动下，进行生态金融探索，属于法规驱动型；碳金融、生物多样性基金等，均是为引导资金进入某一特定环保领域而设计的生态金融创新，属于项目引导型；随着对生态金融产品需求的增加，金融机构开始探索设计流动性更强、市场化程度更高的产品，与法规驱动型、项目引导型注重通过市场机制促进和加强环境保护的初衷和落脚点稍有区别，后续产品设计型和复合创新型更加注重将生态与环境资产资源化、证券化，更加注重生态金融的市场与盈利属性，属于生态金融的较为高端形式。产品设计型包括绿色投资基金、排污交易、CDM 机制等形式，复合创新型包括气候衍生产品、排污权交易衍生产品等由多种基础生态金融产品组合而成的产品。

生态金融体系的建设在我国还处于初级阶段，受限于资本市场发育不完善与政策限制等原因，与国际上已有实践相比，呈现产品品种较少、产品形式单一初级、交易不够活跃等问题。

二、充分认识推进生态金融的战略重要性与现实紧迫性

生态金融是关系落实环境优先、生态优先，实现现代化管理、经济社会全面发展的一项重要工作，是实现生态经济的制度基石，必须从全局和战略高度，充分认识推进生态金融的重大意义。

一是发展生态金融是推进生态文明建设的重要举措。新型城镇化、绿色工业化和新农村建设是生态文明建设的三大重点优先领域。随着城镇化建设与工业化进程的加快，资源消耗、排放等方面的环境压力不断加大，生态金融通过注重环境承载能力，把握科学发展、协调发展的总体要求，可以促进提高其生态价值，使城镇化与工业化发展得更好、质量更高。当前亟须解决的是控制农业面源污染问题、土壤的治理修复问题等，这就需要生态金融提供有力的支持。

二是发展生态金融是推动可持续发展的现实需要。高耗能、高排放、重污染、产能过剩、能源消耗过大等问题的积累，带来了严峻的生态环境压力。尽快转变经济发展模式，调整优化产业结构，保护环境、节约资源和应对气候变化，实现人与自然和谐发展，既是人心所向，也是可持续发展的必由之路。生态金融的发展，特别是借助生态金融的创新和衍生，能够加深环境保护和生态环境在发展中的卷入程度，加快环境保护和生态环境在发展中的周转速度，放大环境保护和生态环境在发展中的比重份额，推动环境保护深度融入发展。

三是发展生态金融是促进环境保护手段创新的内在要求。发展生态金

融意味着用市场机制来解决环境问题，要从履行社会责任的战略高度出发，加大支持经济结构调整和转型的力度，让金融在推动环境保护、促进资源节约、实现低碳绿色经济发展中发挥出更大作用。通过发挥市场机制作用，合理配置金融资源，推动技术改造和引进，加快技术创新，从根本上降低资源消耗、降低碳排放、减少污染，实现人与自然和谐绿色发展。生态金融的大发展，更多资金进入生态环境保护，才能真正体现市场在资源配置中的决定性作用，这是环境保护市场化改革的标志。

四是发展生态金融是解决环保投入不足的有效途径。资金需求量大、资金筹措难是一大难题。当前，我国环保投资主要靠国家、靠财政，或者靠行政手段强制，政府是最大的投资主体，投资目标是追求环境和社会效益，投资过程没有建立投入产出和成本效益核算机制，投资渠道单一、投资成本偏高、效率低下。生态金融能够从根本上克服这个瓶颈，激励大量资金进入环保领域，导致更多生态产品的产出，更好地满足人民群众对优质生态产品的需求。

五是发展生态金融是扩大我国发展空间的重大任务。以生态金融为核心的市场化机制的引入和发展，将促进我国环保事业与国际先进水平接轨。通过推进生态金融，把治污减排的责任主体交还给市场，可有效地化解环保领域的国际压力。优化金融生态可以促使我国金融业引领国际金融规则，创设一个追求环境效益和经济效益最优组合的新国际金融规则，是我国金融业为工业化程度不高而急于发展的第三世界国家摸索出的一条基于环境污染源头控制的新工具和新规则。

三、发展生态金融的基本原则、基本路径和路线图

当前和今后一段时期，生态环境保护工作必须更新观念，创新方法，才能不断取得新成效。发展生态金融，运用市场化机制和手段解决环境问题，成为新时期环境保护工作的重中之重。

（一）基本原则

发展生态金融的基本理念是：生态的归政府，金融的归市场。与产业金融不同，生态金融的"生态"具有很强的"公共性"。生态环境的"公共性"

不可分割、为公众所享有，政府大力倡导生态文明建设，应该担当生态环境的"守卫者"，从这个意义上看，政府需要为生态金融的"生态"提供"补偿"或"保障"，这就是"生态的归政府"。"金融的归市场"是指应发挥市场在资源配置中的决定性作用，借助和运用成熟的金融工具和手段，为生态文明建设服务。

推动和深化生态金融发展，要遵循"需求牵引、重点跨越、支撑发展、引领未来"的总体原则。具体来讲，"需求牵引"是指要围绕着力解决和完善生态文明建设中的重大问题的总体需求与阶段性需求顺次推进；"重点跨越"是指优先解决制约生态金融深化与拓展的若干基础性、关键性重大问题；"支撑发展"是指在推动生态经济发展的同时，也应着力优化金融生态和推动优化经济社会发展；"引领未来"是指要有一定的前瞻性与适度的超前性。

（二）基本路径

环境的公共物品性质和金融的市场性质共同决定了发展生态金融的基本路径是：明晰生态环境权、建立交易市场、充分发挥市场的创造性作用。

明晰生态环境权，是发展生态金融的出发点。只有市场主体拥有了对某种价值的产权，才可将之拿到市场上交易，随后才会有整个产业链的发展。生态环境权的明确具有两个基本特征：首先，生态环境权不同于其他权利，基本形式上可以是一种排污的权利。排放权利的大小，应该以能否造成污染为标准。这种权利内容是动态的，需要不断调整。其次，权利持有人有过度排放的激励，必须施以外部的监管，以免权力滥用，还要辅之以环境信息的收集和发布，集合政府和公众的力量对权利加以制约。

建立交易市场，是发展生态金融的主要平台。在制定市场交易规则的同时，政府还要充当做市商。生态环境权本身相当复杂，容易导致市场交易不活跃或人们对未来难以预期。政府的干预或直接参与能够活跃市场，增强市场主体的信心。我国碳交易市场、SO_2 和 COD 排污权交易市场得到了一定程度发展，但还有许多重要的污染物排放未进入市场交易，应在总结经验的基础上，进一步扩大排放权交易的覆盖范围、活跃度与运行质量。

充分发挥市场的创造性作用，是发展生态金融的应有之义。生态环境权交易市场活跃，与之相关的期货、债券市场及间接金融，如银行信贷与商业保险就具备了良好的发展基础。生态金融政策的要点不应再是通过补贴提高环境投资的收益，而是通过提供信息或强制性的信息披露、强化环境监管等手段促进生态金融风险的控制。

（三）路线图

发展生态金融已经成为当前环保工作的突破口和重要抓手，应当在深入思考、系统规划、充分论证的基础上，提出系统的推进方案，让生态金融成为新时期生态文明建设的最有力武器。

第一，推进生态环境产权明晰与资产化。要对污染排放权利和自然资源、生态系统的权利进行界定，奠定市场机制运行的产权制度基础。要做好自然资源资产分布与数量调查、账户平衡等工作，并对各项自然资源资产开展价值评估工作。对各项自然资源资产定价必须结合其生态服务功能特性进行价值评估。为保证其科学性需要聘请相关专业技术人员开展自然资源资产账户体系核算。为保障其客观性与公正性，可引入独立的第三方机构开展审计，并灵活采取联合审计、联动审计、专业审计融入等方式进行。

第二，加强生态金融的顶层设计。发展生态金融涉及政府、金融机构、社会资本、企业以及公众等多个主体，以及这些主体间错综复杂的关系，尤其是利益关系。要加强生态金融相关法律法规建设，完善生态金融管理与监督体制。要制定一系列配套政策措施，为生态金融发展提供良好的外部环境，形成正向激励机制，引导有关各方积极参与生态金融，激发市场潜力和活力。在金融政策上，信贷规模、贷款利率等对生态金融给予更大政策支持；在税收政策上，对生态金融项目给予更多财政补贴和税收优惠，建立相应的风险准备金计提制度等。

第三，完善生态金融市场机制与运行模式。要扩大绿色金融市场的参与主体，充分调动证券公司、保险公司等非银行金融机构的积极性，鼓励其深度介入生态金融业务，构建平衡发展的绿色金融市场体系。要创建专门的政策性绿色金融机构，如绿色发展银行或生态银行，实施优惠措施，加强重点支持，合理分配金融资源，提升生态金融的专业化水平。要加快生态中介机构的发展，为服务于生态金融的中介机构提供广阔的市场，鼓励生态信用评级机构积极从事生态项目开发咨询、投融资服务、资产管理等，并不断探索新的业务服务领域。

第四，大胆创新、不断丰富生态金融产品。加强生态金融衍生工具创新，把生态作为理财期权，增加流动性，控制调节流动性，创新各种金融衍生品，探索复合型供应链融资、利用预期收益质押贷款等，构建生态金融衍生产品体系，打通金融的生态通道。将绿色环保理念引入信贷政策制定、业务流程管理、产品设计中，大力推动绿色证券、绿色保险、绿色基金等，积极研发新产品。针对绿色信贷中抵押品不足的问题，探索生态环境权质押融资贷款，可允许低碳企业提供知识产权质押、出口退税质押、碳排放权质押等。创设与环境相关的产业投资基金，以支持低碳经济项目和生态环境保护并采取市场化运作和专家管理相结合，实现保值增值。通过投资补助、基金注资、担保补贴、贷款贴息等方式，支持社会资本参与环境管理。建立国家环保政府引导型基金、产业投资基金，探索生态众筹，延伸环保投融资平台。开展排污权、收费权、特许经营权、第三方治理协议质（抵）押贷款。

第五，营造有利于发展生态金融的社会环境。环保和金融部门要做生态金融的"思想者"，树立绿色金融理念，深化对金融业社会责任与自身可持续发展内在统一关系的认识，切实将生态金融作为重要的长期发展战略。要做生态金融的"宣传者"，通过推动和开展绿色金融业务，向社会和公众广泛宣传生态金融的积极作用、政策法规和优惠措施，使广大公众和企业接受并参与到生态金融中，扩大生态金融的影响力。要做生态金融的"践行者"，不断创新绿色金融运作模式，探索建立生态金融服务的有效机制，推动金融业经营战略转型，提高自身竞争力和社会形象。要加强人才队伍建设，联合进行专业培训，招聘和培养熟悉生态金融国际准则和经验的专业人才，提高综合素质和能力。

参考文献

参考文献

[1] 刘世锦 . 中国经济增长十年展望 [M]. 北京 : 中信出版社 , 2013: 495.

[2] 宋晓惠 , 赵宇 . 浅谈解决我国能源匮乏的有效途径 [J]. 吉林省经济管理干部学院学报 , 2005(4).

[3] 梁从诚 , 杨东平 . 环境绿皮书——2005 年 : 中国的环境危局与突围 [R]. 北京 : 社会科学文献出版社 , 2006.

[4] 赵华林 . 一三五七九 解读国家减排工作方案 [J]. 中国石油和化工 , 2007(13).

[5] 赵华林 . "十一五"污染减排任务及工作重点 [J]. 环境保护 , 2007(12).

[6] 中华人民共和国国务院 . 科学发展观是坚持以人为本 , 全面协调、可持续的发展 [EB/OL]. 2005-12-03.

[7] 杨伟民 . 推进生态文明 建设美丽中国 [J]. 唯实现代管理 , 2012(12).

[8] 任勇 , 俞海 , 夏光 , 等 . 环境友好型社会理念的认识基础及内涵 [J]. 环境经济 , 2005(12).

[9] 赵华林 . 挑战中的机遇——污染物总量减排的历史使命、内涵与方略 [J]. 环境保护 , 2008(9).

[10] 环境保护部官方网站 . 环境保护部职责 [EB/OL]. http://www.mep.gov.cn/gkml/hbb/qt/200910/t20091030_180584.htm, 2008-10-31.

[11] 李锁强 . 对我国现行环境统计的思考 [J]. 中国统计 , 2003(8).

[12] 潘烁 , 陈刚宁 , 王彦刚 . 关于提高环境统计数据质量方法的探讨 [J]. 环境科学与技术 , 2005(S2).

[13] 刘英杰. 浅论环境统计中数据的审核方法 [J]. 中国环境监测, 2007(3).

[14] 鲁宪, 张杰, 娄立伟, 等. 基层环保部门环境统计问题探讨 [J]. 江苏环境科技, 2005(S1).

[15] 郑惠君. 基层环境统计工作存在的问题及对策 [J]. 中国环境管理, 2003(5).

[16] 孔祥瑜. 污染物排放总量控制过程中存在的问题及对策 [J]. 科技情报开发与经济, 2005(9).

[17] 韩爱梅. 环境统计工作存在的问题及对策研究 [J]. 科技情报开发与经济, 2007(2).

[18] 吴睿, 郝芳华, 程红光, 等. 我国现行主要污染物减排管理模式刍议 [A]// 第四届环境与发展中国 (国际) 论坛论文集 [C]. 北京: 教育出版社, 2008.

[19] 周生贤. 污染减排指标考验政府责任 [J]. 人民论坛, 2007(8).

[20] 国务院办公厅. 批转节能减排统计监测及考核实施方案和办法的通知 [EB/OL]. http://www.gov.cn/zwgk/2007-11-23/content_813617.htm,2007-11-23.

[21] 国家环境保护总局.《"十一五"主要污染物总量减排核查办法 (试行)》的通知 [EB/OL]. http://www.zhb.gov.cn/gkml/zj/wj/200910/t20091022_172473.htm, 2007-08-16.

[22] 姚森婧. 减排效果显著得益于制度的创新 [EB/OL]. http://news.h2o-china.com/html/2010/01/671264572628_1.shtml, 2010-01-27.

[23] 陈国裕, 李玉梅. 加快污染减排 "三大体系" 建设 [EB/OL]. http://theory.people.com.cn/GB/40553/5713872.html, 2007-05-10.

[24] 周芸. 金融危机下把脉城市水业的政策走向 [EB/OL]. http://news.h2o-china.com/html/policy/policies_laws/789991237946167_1.shtml, 2009-03-25.

[25] 周英峰, 王飞, 王攀. "十一五" 减排任务需要继续 "冲刺" [EB/OL]. http://news.xinhuanet.com/misc/2009-03/05/content_10952350.

htm, 2009-03-05.

[26] 赵华林. 减排冲刺年　目标不变、标准不降、不减力度 [EB/OL].
http://news.h2o-china.com/html/2009/03/791071238208967_1.shtml,
2009-03-28.

[27] 环境保护部. "十一五"主要污染物总量减排任务全面完成 [EB/
OL]. http://www.mep.gov.cn/gkml/hbb/qt/201108/t20110829_216607.
htm, 2011-08-29.

[28] 刘炳江. 污染减排五年成果回顾与"十二五"展望 [J]. 环境保护,
2011(23).

[29] 刘长根. 推进污染减排　促进转型发展 [J]. 环境保护, 2010(4).

[30] 赵华林. 推进"十二五"污染防治　守护蓝天碧水净土 [J]. 环境保护,
2012(6).

[31] 赵华林. 2009 污染减排"冲刺年"的收官之举 [J]. 环境保护,
2009(19).

[32] 张震宇. "十一五"水污染物总量控制情况介绍 [J]. 中国建设信息 (水
工业市场), 2010(4).

[33] 环境保护部学习贯彻党的十八大精神交流大会发言摘登 (三)[N].
中国环境报, 2012-12-24(2).

[34] 张力军. 强化综合协同　努力开拓进取　在探索环境保护新道路中
全面深化污染防治 [J]. 环境保护, 2012(20).

[35] 赵华林. 五子登科　统筹规划　探索中国特色环保新道路——国家
污染防治"十二五"规划解读 [J]. 环境保护, 2013(5).

[36] 环境保护部. 《国家环境保护"十二五"规划》解读素材 [EB/OL].
http://www.zhb.gov.cn/gkml/hbb/qt/201201/W020120118589339834518.
pdf, 2012-01-18.

[37] 吴舜泽, 洪亚雄. 谋划"十二五"环保新蓝图 [N]. 中国环境报,
2012-03-13.

[38] 张力军. 积极开拓创新　巩固提高工作水平　努力开创国家环保模
范城市创建工作新局面——在全国创建国家环境保护模范城市工作

现场会上的讲话 [EB/OL]. http://www.zhb.gov.cn/gkml/hbb/qt/201004/
t20100427_188761.htm, 2010-04-22.

［39］赵华林. 探索环境保护新道路　推行减排行政审计 [J]. 环境保护，
2009(23).

［40］王金南，董战峰，杨金田，等. 排污交易制度的最新实践与展望 [J].
环境经济，2008(10).

［41］赵华林. 借鉴经验创新大气环境管理工作 [N]. 中国环境报，2014-
07-31.

［42］赵华林. 国家环保"十三五"规划编制思路 [J]. 环境保护，2014(22):
28-32.

［43］赵华林. 树立适应经济新常态的环保新思维 [N]. 人民日报，2014-
10-21.

［44］赵华林. 新常态下环保的新机遇和新挑战 [N]. 中国环境报. 2015-
02-17.

［45］赵华林. 应对新常态，科学编制"十三五"环保规划 [N]. 中国环境报，
2014-10-21.

［46］易金平，江春，彭祎. 我国绿色金融发展现状与对策研究 [J]. 特区经
济，2014(5).

后　记

　　作为环保领域的出版工作者，我一直期待能够有幸遇到、编辑一本记录过往污染减排历程、分析当下减排形势、规划未来减排布局，同时理论缜密、源于生活而又令人耳目一新的著作，如果这本书理论上不乏风趣、实践中透着哲理那就更好了。在拿到这本书稿后，不得不说，如愿以偿。

　　坦率地讲，如果不是从事环境污染防治工作数十年，如果没有亲历中国减排事业发展历程，恐怕提笔都不知从何入手，下笔难形文之典范。可以说，作者的这本著作不仅是其对中国减排事业的总结和感悟，更是作者30余年工作点滴的写照，凝聚了其数十年的心血和生命时光。

　　毫不夸张地说，中国的污染如同中国的经济增长一般，也在"突飞猛进"。在"十二五"收官之年，"十三五"各项工作规划即将起步之际，该书的出版与其说是对中国污染减排过往的梳理，不如说是给读者、给百姓的一个交代。不仅在警醒、鞭策，亦在彰显决心、予人信心。

　　在这本书中，作者从时代大背景到污染减排的具体实践，从起航期的备尝艰辛到"十一五"捷报频传，从新常态的严峻形势到"十三五"规划布局，将中国减排事业一路跋涉的画面展现在我们眼前，通过此书能够真切感受到一代代环保人在困境面前的艰难抉择、成功背后的艰辛与付出。更难能可贵的是，阅读之中能够让人有所触动、有所行动，不仅使读者对未来的环保事业充满信心，更会让捧书人着眼于污染防治现状萌生化压力为动力的决心。

值得一提的是，作者文笔之幽默、用词之生动令人印象深刻。书中作者用"车论"、"羊论"和"狗论"这"环境三论"形象地将环保部门的职责变迁和环境管理的创新娓娓道来：各级政府既会踩"油门"也要懂"刹车"；环保部门要履行"看家护院"的职责，忠诚守卫公共环境；环保管理要学习"养羊"，从细微入手，注重全过程管理。其中，大量典型事件的分析、诙谐幽默的语言运用更为该书增添不少"滋味"："站得住的顶不住，顶得住的站不住"一语道破基层环保部门的尴尬；"屁股指挥脑袋，职责决定思想"巧妙切中脱离生态发展的政绩观，诸如此类的文字频现文中，深入浅出、通俗易懂又不乏深刻缜密，让读者能够透过看似浅显的文字参悟环保工作中的"大道"。

此书撰写过程中，作者得到了友人、领导的关心和大力支持，中国环境出版社同仁对该书的编辑出版也提供了许多宝贵的意见和建议，在此一并表示衷心感谢！

由于时间仓促，加之编辑水平有限，书中疏漏及用语不准确之处在所难免，敬请读者批评指正。

编 者

二〇一五年四月